내 손으로 짓는 내 집

작은 집짓기 DIY 내 손으로 짓는 내 집

● 4판 발행 | 2021년 3월 10일

● 저자 | 권길상 ● 발행인 | 이인구 ● 편집인 | 손정미 ● 글 | 신광철 ● 디자인 | 비플랏.스투디오 ● 사진·동영상 | 고영빈 ● 3D 그래픽 | 김경환 ● 그림 | 미찌코 도바리 ● 출력 | 주식회사 삼보프로세스 ● 종이 | 영은페이퍼(주) ● 인쇄 | 주식회사 웰컴피앤피 ● 제본 | 라정문화사

● 펴낸곳 | 한문화사 ● 주소 | 경기도 고양시 일산서구 강선로 91906 - 2502 ● 전화 | 070 8269 0860 ● 팩스 | 031 913 0867 ● 전자우편 | hanok21@naver.com ● 등록번호 | 제410 - 2010 - 000002호

● ISBN | 978-89-94997-26-1 18590 ● 가격 | 18,000원

작은
집짓기
DIY

내 손으로
짓는
내 집

저자 **권길상**

한문화사

들어가는 말

목수나 건축사도 아닌 더욱이 건축 경험도 없는 보통사람이 내 손으로 내 집을 짓는다? 전혀 의아할 일이 아니다. 충분히 실현 가능한 일이다. 목조주택 선진국인 일본이나 캐나다와 같은 곳에서는 스스로 자기 집을 짓는 셀프빌더가 수십만 명에 이른다. 우리도 얼마든지 그들과 같은 훌륭한 셀프빌더가 될 수 있다. 우리 민족이 얼마나 머리가  좋고 손재주가 많은 민족인지는 국제기능올림픽대회에서 거둔 우승 횟수를 보면 짐작할 수 있다. 다시 말해 그만큼 셀프빌드^{DIY}가 우리 민족의 적성에 잘 맞는다는 방증이다.

건축에서 DIY의 개념은 내 집을 내 손으로 짓는 것이다. 근대화 이후 우리나라의 주축을 이루어 온 주거형태는 대단위 아파트의 공동주택, 다세대 빌라나 다가구 주택 등이다. 주로 시멘트로 지어진 집들이다. 실정이 이렇다 보니 산림이 많은 목조주택 선진국과 비교하면 목조주택에 관한 건축 기술이 활성화되지 못했던 점은 어찌 보면 자연스러운 현상일 수도 있었다.

그러나 시간이 흐르고 점차 사람들의 생활수준이나 환경, 건강에 대한 의식변화가 시작되면서 그 관심은 자연스럽게 삶의 주 공간인 주택으로 옮겨질 수밖에 없었다. 현재 친환경 전원주택은 과거보다 그 숫자가 괄목할만하게 증가해 있다. 특히 서구식 경량목구조를 중심으로 한 목조주택이 많이 보급되어, 근자에 와서는 여러 가지 개인적인  사정을 들어 목조주택 선진국처럼 자기 집을 스스로 지어보고자 시도하는 개인들이 늘고 있다. 그러나 아직도 우리나라는 이러한 셀프빌더들의 욕구를 충족시켜 줄 만한 시장여건이 잘 형성되어 있지 못하고 개념조차도 생소하다. 아직 이 분야는 걸음마 단계라고 할 수 있다. 그러나 앞으로 많은 사람이 환경과 건강에 대해 생각하고 그 욕구가 계속되고 있는 한, 내 집짓기 DIY에 대한 시장은 그만큼 활성화되리라고 전망한다. 『내 손으로 짓는 내 집』은 이런 의미에서 초보단계이지만 바로 그 시발점의 신호탄이다.

『내 손으로 짓는 내 집』은 지금까지의 DIY에 대한 개념 즉, 가구나 책상, 침대 등을 제작하는 정도로만 생각해 왔던 단계에서 크게 벗어나 집을 짓는 범위로까지 확대하고 있다. 작은 집이지만 내 집은 내 손으로 짓는 획기적이고 구체적인 방법을 제시한다. 경험 없는 건축주로서 셀프빌더가 되는 것은 너무 막연하고 복잡한 과정으로 느껴져 초보

자에게는 큰 무리라고 생각할 수 있다. 하지만 시작이 반이다. 해보겠다는 결심을 하고 실제로 부딪히면 누구나 충분히 해낼 수 있는 일이다. 실제 기술적으로도 그렇게 어렵지만 않다는 것을 해보면 알게 될 것이다.

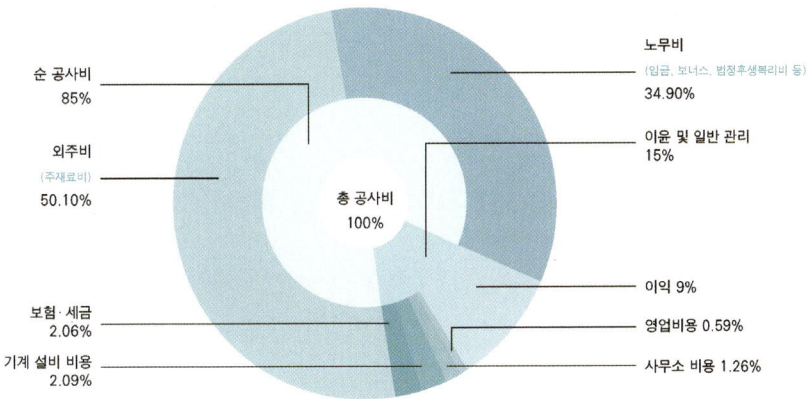

순 공사비
85%

외주비
(주재료비)
50.10%

보험·세금
2.06%

기계 설비 비용
2.09%

총 공사비
100%

노무비
(임금, 보너스, 법정후생복리비 등)
34.90%

이윤 및 일반 관리
15%

이익 9%

영업비용 0.59%

사무소 비용 1.26%

일반 소규모 건축회사의 원가계산의 예. 총공사비에서 후생복리비를 포함한 노무비가 35%를 차지한다.

집을 짓다 보면 재료비만큼 노무비도 소요되기 마련이다. 다시 말해 내 스스로 집을 지으면 그 노무비를 해결할 수 있어 그만큼 비용을 절감할 수 있다는 말이다. 과연 그럴 수만 있다면 얼마나 유쾌하고 즐거운 일인가. 저렴한 비용으로 내 집을 마련할 수 있으므로 그만큼 가계의 부담도 줄일 수 있다. 한 번의 경험으로 기술과 자신감을 얻을 수 있다는 것 또한 하나의 수확이다.

그러나 관심과 흥미를 갖고 시작하고 싶어도 시장이 성숙되어 있지 않아 이를 실행하기 위한 기본적인 정보나 자재구매 등 첫 단계에서부터 어려움에 봉착할 수 있다. 무얼 어디서부터 어떻게 시작해야 할지 막연하다. 셀프빌더들을 위한 또렷한 전문서도 없다.『내 손으로 짓는 내 집』은 바로 이런 분들의 고민을 어느 정도 해결해 주기 위한 실용서로 출간됐다.

아직 걸음마 단계인 우리나라 주택의 DIY 실정을 고려하면 처음부터 온전한 셀프빌더를 꿈꾸기에는 한계가 있다. 따라서 이 책에서는 상대적으로 배우기 어렵고 익히는데 많은 시간이 걸리는 **뼈대 홈파기** 등은 공장에서 프리컷시스템을 이용하여 사전에 가공하고 벽체 등도 키트화해서 우선 초보자가 쉽게 접근할 수 있도록 했다. 즉, 온전한 셀프빌더가 아니라 어려운 부분만 전문가에게 맡기는 하프빌더인 셈이다. 하프빌더의 과정을 거쳐 자연스럽게 셀프빌더의 단계로 이어지는 데 도움이 되도록 했다.

내 손으로 짓는 내 집! 생각만 해도 즐겁지 아니한가! 은퇴 후 자연 속에서 평화로운 노후생활을 위해, 또는 각박한 도시생활을 접고 귀농, 귀촌하여 자연과 더불어 전원생활을 계획하며 작은 내 집 마련의 꿈을 가진 분들이 이 책을 읽으면 "아! 나도 집을 지을 수 있겠구나."라는 자신감이 생길 것이다.

마치 거대한 작품을 만들어 가듯이 '꽝 꽝' 망치 소리를 내가며 내 집을 내 스스로 지어가는 즐거움! 그 성취감은 돈으로 환산할 수 없는 가치 있고 보람 있는 일일 것이다. 결심만 서 있다면 시간은 만들면 된다. 도전하는 자에게 기회는 열려 있다. 도전하는 자만이 흘린 땀방울의 성취감을 맛볼 수 있다. 도전하는 자만이 열매의 달콤함을 맛 볼 수 있다. 꼭 한번 도전해 보시고 즐기면서 행복을 맛보십시오!

2013년 정월
저자 **권길상**

내 손으로 짓는 내 집

작은 집을 내 손으로 짓는다.

집은 작게, 자연을 크게...

어릴 적 소풍을 가기 전 잠을 설친 기억을 대부분
가지고 있다. 집짓기도 마찬가지다. 자신이 직접 땅
을 사고, 설계해서 스스로 집짓기를 시작한다는 것
은 흥분되는 일이다. 집 짓는 일은 예술을 하듯이
상상하고, 상상한 것을 실행에 옮길 때 짜릿한 쾌감
이 든다. 오늘은 또 어떤 내용이 진행될까 하루하루
변해가는 집 모양을 보면서 흐뭇한 기분에 젖는다.

집 한 채 지으면 십 년이 늙는다는 말을 하는데 자신이 직접 설계한 집을 가족과 함께 짓는다면
일생의 추억이 되고 자랑이 될 수 있다. 입버릇처럼 이야기하지만 집짓기는 축제다. 인생이 한바
탕 축제이듯이 집짓기도 인생 축제의 한 부분이다. 사람이 살아가기 위해서는 의식주가 기본이다.
입고, 먹고, 쉴 수 있는 공간의 확보가 중요하다. 그중에서 휴식 공간의 확보는 인간이 정착생활
을 하면서 가장 필요한 부분으로 최초의 거주공간이 집이다.
대부분 사람들은 같은 형태의 집에서 산다. 나의 의도와는 무관하게 시멘트로 지어진 아파트에서
사는 것이 현대 한국인들의 주택문화라고 할 수 있다. 개성을 살리고, 가족의 취향에 적합한 집짓
기가 필요한 시점이다. 대형주택보다는 소형주택에 사람들의 관심이 쏠리고 있다. 자연스러운 현
상이다. 경제적인 여건이 나아지면서 주택문화도 바뀌고 있다. 자연과의 교감을 생각하기에 이르
렀다. 지금 은퇴를 준비하는 세대들은 농경사회와 관계가 있는 세대들이다. 농사를 짓던 부모세대
와의 관계가 형성되어 있어 농경생활을 하던 어린 시절을 그리워한다.
산과 들과 물이 어우러지는 곳에서 한적하면서도 밭을 가꿀 수 있는 대지를 가진 주택을 선호한
다. 우리의 전통적인 사고방식은 집은 작게, 마당은 넓게 짓는 것이었다. 한국인의 의식 속에는
전통적으로 자연을 넓게 마음껏 누릴 수 있도록 집을 짓고 사는 것이었다. 초가삼간을 짓고 살아
도 문을 열면 바로 산이 있고, 들이 있고, 물이 보이는 곳을 선호했다. 약간 경사진 구릉 안쪽에
햇볕이 드는 곳을 찾았다.
작은 집에, 큰 자연이 어우러진 집이 가장 바람직한 집의 규모였고 형태였다. 한국인의 심성에는
자연을 집 안으로 끌어들이려는 의식이 남아있다. 자신도 모르게 내부와 외부공간을 연결해 주는
마루에 대한 향수가 있다. 마루문화를 잘 살리면 한국인은 대부분 행복해한다. 그래서 내부시설
보다는 밖의 좋은 풍광을 바라볼 수 있는 것이 큰 자랑거리이다. 그만큼 한국인은 자신도 모르게
자연을 마음과 시야에 담으려고 노력한다. 한국인의 타고난 기질이다.

다시 말하면 '집은 작게, 자연은 크게' 하여 만든 집이 한국인의 심성뿐만이 아니라 여유와 한가로움을 즐기기 위한 점에서도 가장 바람직하고 좋은 집이다. 그러기 위해서는 현대의 데크와 마당의 적절한 활용이 필요하다.

내 손으로 짓는 내 집

축제의 절정은 내 손으로 내 집을 짓는 순간이다. 내가 살고 싶은 집을 내가 직접 지을 수만 있다면 집짓기는 진정한 축제가 될 것이다. 전문가는 말한다. 관심만 가지고 현장에 뛰어들면 혼자 힘으로 집을 지을 수 있다고. 큰 집이 아닌 작은 집을 지을 때는 혼자의 힘으로 가능하다. 먼저 재단된 목재로 조립만 하면 되기 때문이다. 전통한옥의 가구구조를 이해하면 집짓기는 더욱 쉬워진다. 몇 번 현장에 가서 직접 보거나 교육을 받으면 이해할 수 있다. 한국의 전통 가구구조는 집짓기에 합리적이고 과학적이어서 아이들이 즐기는 퍼즐 맞춤과 별로 다르지 않다. 기본적인 기둥 보 구조에 하나씩 보강하는 구조를 띠고 있다. 기둥, 창방, 도리, 대들보, 서까래 같은 부재를 순차적으로 이해하면 된다. 소형주택은 어렵지 않게 혼자 힘으로도 충분히 지을 수 있다. 기둥을 세우거나 지붕을 만들 때에 목재가 무겁고 받쳐줄 사람이 필요하면 가족이 함께 도와주면 실제로 집짓기가 가능해진다.

(주)아스카에서는 소형주택 붐이 일어날 것을 예견하고 프리컷스시템Pre-cut system을 도입하여 저렴하고 편리하게 짓는 방법을 고안해 냈다. 우리말로 표현하면 선재단 방법이다. 미리 주택을 지을 때 그대로 사용할 수 있도록 목재를 미리 재단하고 기둥, 보, 도리 그리고 창문과 문까지 마련해 놓고 번호표에 따라 조립하면 된다. 한 가족이 머리를 맞대고 모여서 내 집을 설계하는 풍경, 상상만 해도 아름답지 않은가! 목재와 구조물을 자신의 집의 크기와 모양에 맞게 구입해서 지으면 된다. 방학이나 휴가를 이용해서 지을 수도 있다. 꿈으로만 생각했던 내 집 내가 짓기 DIYDo It Yourself가 현실화된다.

작은 집짓기를 현실화하기 위해서 (주)아스카 권길상 대표는 다방면으로 노력했다. 우선 권길상 대표의 이력이 특별하다. 일본에서 한국 전통건축의 우수성을 깨닫게 되었다. 아스카 건축이란 이름은 바로 백제의 장인들이 일본에 건축기술을 전수하여 일본의 건축술이 비로소 열리게 된 장소이다. 일본의 전통건축기술의 본산인 그곳 이름이 아스카다. 권길상 대표는 한국전통건축을 전수받은 아스카 건축을 직접 배워온 인물이다. 일본 목수들이 한국의 전통건축기술이 뛰어나다는 것을 인식하고 있는 것과 일본의 목조건축은 고대에 한국인들이 전해준 기술이었다는 것을 알게 되면서 일본에서 한국 전통건축기법을 배우게 되었다. 한국은 전통건축기술이 이어져 내려오고 있지만 겨우 명맥을 잇는 단계로 서양건축의 도입으로 한국 전통건축은 설 자리를 잃었다. 일본에서는 선진적인 건축술이 발달해 있었다. 앞서 설명한 공장에서 미리 나무를 재단하여 만들어 놓은 것을 현장에서 조립하게 되어 있는 프리컷시스템Pre-cut system 공법이다. 일본의 이 시스템을 적

극 활용하는 방안을 생각했다. 목수의 손으로 나무를 켜고 재단하던 것을 미리 공장에서 표준화된 모델을 만들어 가공한 것을 현장에 가져다 쓰는 공법은 공정이 표준화되어 있어 공사기간이 상당기간 단축되는 장점이 있다. 권길상 대표는 프리컷 공법을 우리나라로 들여와 공사기간이 단축되었다. 작은 집은 건물 한 동을 짓는 데 1개월이면 완공을 볼 수 있었다. 전문가가 지으면 일주일도 걸리지 않는다.

'집짓기는 축제다.'

권길상 대표가 목적한 바는 한국 전통건축과 지진에도 견딜 수 있는 일본건축의 발달한 공법을 접목하고 서구적인 멋스러움을 도입하여 새로운 건축 모형을 만드는 것이다. (주)아스카는 지금도 진화하고 있다. 새로운 형태와 새로운 기법 그리고 집주인이 원하는 바를 실현해 주는 방법을 연구, 개발하여 실천하고 있다. 그리고 이제는 혼자 스스로 자기 집을 짓는 용기 있는 사람을 돕고자 새로운 방법을 시도했다.

혼자서 설계하고, 혼자서 지을 수 있는 새로운 기법과 새로운 건축문화가 열린 것이다. 마음만 먹으면 기술과 정보를 얻을 수 있다. 지금 (주)아스카에서는 이러한 길을 새로이 닦고 선구적인 길을 가고 있다.

집짓기는 태어나서 죽기 전에 한 번 해볼 만한 위대한 축제다. 내가 살 집을 내가 설계하고 내가

직접 짓는다는 것은 자신을 실험해 볼 수 있는 멋진 시간이다. 집을 짓는다는 것은 위대한 일이다. 궁궐이나 사찰같이 큰 건물은 아니어도 내가 살 작은 집을 짓는 것은 가능한 일이다. 더구나 가족과 함께 힘을 모아 짓는다는 것은 인생에서 의미 있는 일이다. 용기가 필요하겠지만, 좋은 공구와 선재단된 프리컷 자재를 활용하면 얼마든지 가능하다. '집짓기는 축제다.' 가족이 단합하면 무엇이든 할 수 있다는 계기가 될 수도 있다. 가족 간의 생각을 종합하고 살아갈 공간을 함께 만드는 일은 생각만 해도 흐뭇한 일이 아닐 수 없다. 집터를 고르고, 기둥을 세우면서 서로 가족이라는 것을 확인하게 된다. 내가 살 집을 내 손으로 짓고 난 후 한가한 시

간에 거실이나 방에 누웠을 때의 마음은 환희다. 두려워하는 마음이 문제이다. '시작이 반이다.'라는 생각으로 두려움을 걷어내고 실행에 옮기기만 하면 반은 된 것이다. 할 수 있다는 신념으로 용기를 내어 내 손으로 내 집을 짓는 일을 한 번 실행에 옮겨보자.

추천인
시인 **신광철**

건축의 초보자 지을 수

archite

beginner

build

도 집을

있다

1.

집짓기는 생각보다 간단하다

예전에는 집 한 채를 짓기 위해 목재를 재단하고 가공하는 등 여러 가지 공정으로 집짓기가 어려웠지만, 요즘은 컴퓨터와 자동화 기술의 발달로 비교적 쉽게 집을 지을 수 있게 되었다. 홈 가공을 위해 대패나 끌 기술을 배우려고 3년 이상 받아야 했던 도제식 교육도 굳이 받을 필요가 없다.

또한, 도목수라면 뼈대의 구조설계에서부터 치목, 조립, 마감까지 모두 할 수 있어야 했지만, 프리컷이 발달한 지금은 치목을 공장에서 기계가 대신해 준다.

이런 치목이 어려워 목수 일은 아무나 할 수 없는 일쯤으로 여겨 초보자는 집짓기가 어렵다고 생각하여 미리 단념하였다. 그러나 지금은 치목뿐만 아니라 벽체까지도 공장에서 가공하는 회사들이 생겨나고 있다. 프리컷으로 가공된 뼈대와 벽체의 패널을 합리적으로 잘 조합만 하면 되므로 초보자라도 집짓기에 대한 기본적인 개념만 익히면 그리 어려운 일만은 아니다.

건축 재료도 초보자들이 시공하기 쉬운 자재들이 많이 시판되고 있다. 지금까지는 건축 시공 전문가만 취급할 수 있었던 재료들이 인터넷이나 목조주택전문자재점 등에서 손쉽게 구입하여 이용할 수 있다. 전문시공자나 초보자가 거의 비슷한 비용으로 자재를 구매할 수 있게 되었다. 시공방법 또한 자재상에 문의하면 자세히 설명해준다.

물론 일 처리 면에서 초보자는 전문시공업자에 미치지 못한다. 전문가가 시공한 제품이 정밀하고 완성도가 높아 보기 좋은 것은 당연하다. 더구나 은행에서 돈을 빌려서까지 집을 짓는다고 가정하면 시공업자에게 더 완벽한 작품을 요구하게 되는 것은 모든 사람의 기본적 심리일 것이다. 누구나 지불한 돈에 대한 보상 심리가 작용하기 마련이다. 그러나 자신이 직접 짓는다고 가정하면 상황은 다르다. 다소 미숙하더라도 너그럽게 이해하고 넘어간다. 사용하기에 큰 불편함만 없으면 마감에서 완성도가 다소 떨어져 안 좋아 보여도 자기의 기량이나 감성의 부족으로 이해하지 결코 결함이나 불만거리로 삼지 않는다. 불안정한 부분은 추가하여 고치면 된다. 프로에게 맡겨서 짓는 집과 비교하면 질적인 면이나 기술력에서 좀 떨어질지언정 집에 투영된 가치와 의미를 생각하면 전문가의 손을 빌어 지은 집과는 비교할 수 없을 것이다. 하나하나의 작업들을 창작의 과정으로 생각하면 집짓기 과정이 즐겁지 않을 수 없다.

집은 아주 덩치가 크다. 짓기 위한 공정도 아주 많고 자기가 짓는다는 것이 처음부터 무리라고 생각하기 쉽다. 그러나 하나하나의 공정을 분석해 보면 그리 어려운 일이 아니다. 손재주가 있는 사람은 도전해 볼 만한 일이다.

2.

짜맞춤
(기둥·보)
공법은
셀프빌드
Self build에
적합하다

1, 짜맞춤 공법은 셀프빌더에게 유리하다.

짜맞춤 공법은 암수홈 가공공법으로 우리 조상이 전통적으로 사용해 왔던 공법이다. 홈파기 기술이나 가공기술이 일반인에게는 어렵게 느껴지지만, 사실은 그렇지 않다. 한국의 목조건축 기술이 오랜 역사 속에 복잡하게 발달하여 목수 일은 전문 직종이 되었고, 구조 부분은 일반인이 거의 접근하기 불가능한 것으로 인식되어 왔다. 그러나 우리가 일반적으로 인식하고 있는 멋지고 보기 좋은 한옥이 아니라 일반서민들이 사용하는 개량한옥을 생각하면 그리 어려운 공법이 아니다.

아직 셀프빌드Self-build란 용어 자체도 우리나라에서는 생소하다. 셀프빌드란 사전적 의미는 '손수 건축하기'인데 목조주택 선진국에서는 많이 사용되는 단어이고 실제로 미국이나 캐나다에서는 수십만 명의 셀프빌더들이 있다. 우리나라에서도 전원주택에서 생활하는 분을 중심으로 DIYDo It Yourself 활동에서 셀프빌드의 영역으로 점차 그 숫자가 증가하고 있다. 내 집을 내 손으로 짓고 싶어 하는 사람들이 점점 많아지고 있다는 것은 고무적인 일이다. 외국에서 셀프빌드라 하면 통나무주택 혹은 미국식 경량목구조인 2″×4″, 2″×6″ 공법으로 집을 짓는 아마추어 목수들을 일컫는다. 최근에는 집성재로 만든 로그하우스가 키트로 판매되어 홈을 끼워 맞추기만 하면 집의 형태가 나오기 때문에 셀프빌드에게는 인기가 있다. 그러나 이것도 셀프빌드에게는 가격 면에서 그렇게 매력적이지 않다. 스스로 비용을 줄일 수 있는 공정이 적기 때문이다.

2/ 기둥·보 구조와 경량목구조의 비교

본론에 들어가기 전에 목조주택이란 무엇인지 어떤 목조주택이 있는지 그 정의와 종류에 대해서 미리 알아보자.

(1) 목조주택이란

목조주택에 대한 정의는 주택의 하중을 지지하는 주요 구조부가 목재인 주택을 목조주택으로 정의할 수 있다. 주택의 주요 구조부란 외부에서 작용하는 하중을 지지하거나 다른 구조부재로 전달하는 기능을 수행하는 부분을 의미한다. 따라서 일반주택은 기둥, 보, 서까래, 장선, 샛기둥 등의 부재가 주요 구조부에 해당한

다. 따라서 목조주택은 외부에서 보이는 목재의 유무와는 상관이 없으며 내부적으로 하중을 지지하는 부재가 목재인 경우에만 목조주택이라고 할 수 있다.

(2) 목조주택의 종류

목구조주택은 나무를 구조체로 하여 지어진 건축물을 말하며 구조재로 사용된 목재의 규격, 크기 및 시공방법에 따라 크게 경량목구조 주택Light weight-wood frame house, 기둥·보 구조 주택Post & beam, 통나무구조 주택Log house 등으로 분류된다.

01. 경량목구조 방식Light weight-wood frame house

투바이포공법으로도 불리는 공법으로 단면이 2인치×4인치혹은 6인치를 사용하여 수평 및 수직으로 상호 긴밀하게 결합해서 수평과 수직하중에 저항하는 "상자형 구조Box system"로서 벽체패널공법이라고도 한다. 설계상 거의 제약이 없어 원하는 구조와 디자인을 연출할 수 있으며, 지진에도 강한 저항력을 지닌다. 경량목구조공법은 가벼운 목재를 사용하기 때문에 붙여진 이름이지만 2백 년 이상의 역사를 자랑하며 오늘날 가장 간단하게 건축할 수 있는 것으로 알려져 있다.

02. 기둥·보 구조방식Post & beam

가장 오래된 목구조 방식 중 하나로 통나무구조에서 발전된 건축양식이다. 주로 상업건물이나, 규모가 큰 주택 등에 사용되며 요즘에는 전형적인 플랫폼구조와 혼용되기도 한다. 우리나라의 전통한옥은 이 구조에 해당한다.

03. 통나무구조 방식Log house, Log cabin

원형 또는 각형의 수평재를 내력벽으로 하고 나머지 바닥이나 지붕구조는 2″×4″ 경량목구조와 같은 구조로 구성한다. 벽체는 통나무를 쌓는 구조이기 때문에 1개 층 높이에서 7~12cm의 침하가 장기적으로 발생하게 되므로 창문틀 등의 개구부에는 침하를 고려한 디테일을 만들어야 한다.

(3) 한식 기둥·보 구조와 경량목구조의 비교

우리나라에서 현재 목조주택으로 가장 많이 짓고 있는 공법은 경량목구조2″×4″, 2″×6″ 공법이다. 그리고 우리의 한식 가구구조는 기둥과 보로 X축, Y축에 결구되어 구조를 지탱하는 기둥·보 구조이다. 그러면 이들의 특징을 살펴보고 어느 쪽이 셀프빌드나 하프빌드에게 적합한지 살펴보자.

가. 한식 기둥·보 구조

01. 사용하는 목재의 수종이나 치수의 종류가 너무 많고 적재적소에 요령껏 사용하려고 하면 많은 경험과 지식이 필요하다.

02. 복잡한 장부암수홈가공과 연결시스템을 자유로이 구사하기 위해서는 숙련된 기술이 필요하다.

03. 같은 설계라도 10명의 목수가 각각 집을 지으면 10채의 다른 집을 지을 수밖

에 없을 정도로 목수의 경험과 기량에 좌우된다.

나. 경량목구조2″×4″, 2″×6″ 공법

01. 사용하는 목재는 2″×4″, 2″×6″, 2″×8″, 2″×10″ 등 몇 종류밖에 없고 수종도 보통 한 종류이다.

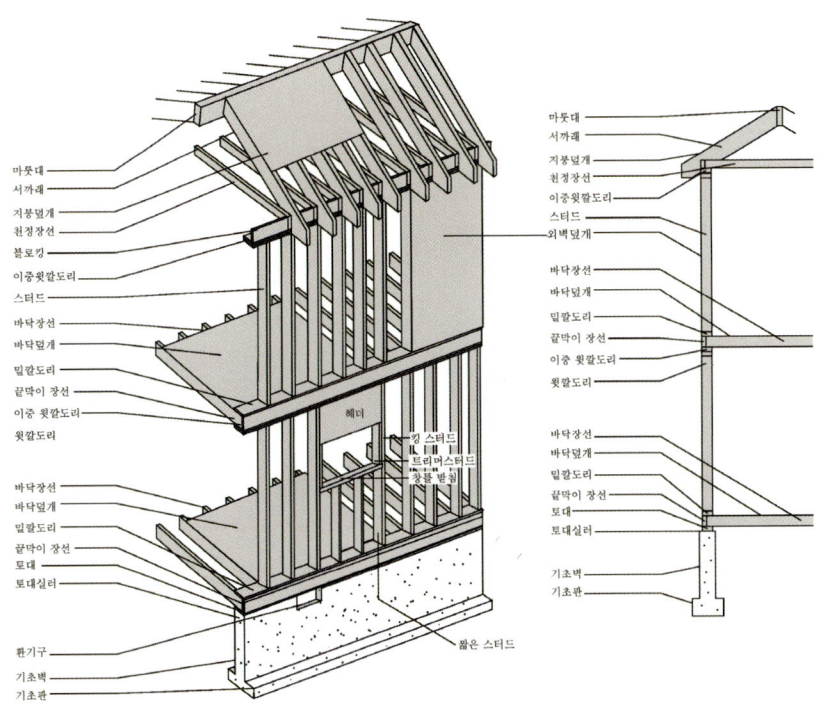

02. 한식 기둥·보 구조와 같이 목재의 갈라짐이나 뒤틀림, 사용 방향 등에 신경 쓰지 않아도 된다.

03. 복잡한 암수홈을 가공할 필요도 없고 접합은 총으로 못을 박으면 되기 때문에 숙련 기술 없이도 균일한 품질이 나온다.

04. 1층 바닥이 완성되면 1층 벽체를 세우고 2층 바닥이 되면 2층 벽체를 만드는 식으로 밑에서 순서대로 시공하면 된다.

05. 만드는 방법이 알기 쉽고 매뉴얼이 잘 되어 있다. 따라서 초보자인 셀프빌드에게 좋은 공법이라 할 수 있다.

언뜻 보기에 설득력이 있는 말이다. 모르는 사람이 읽으면 '재래식 공법이 어렵구나.'라고 판단하고 포기하기 쉽다. 그러나 현대는 고도화된 기계공업의 발달로 옛날에 숙련된 목수가 아니면 불가능한 장부가공을 기계시스템으로 대부분 해결한다. 이것은 공장자동화를 이용하여 공장에서 사전에 가공하는 프리컷시스템 Pre-cut system이 있기에 가능한 일이다. 대부분 기둥·보 구조를 쓰고 있는 일본은 현재 95% 이상을 공장에서 집의 뼈대를 가공한다. 우리나라도 이러한 뼈대를 사전에 가공할 수 있다면 이야기가 달라진다. 이 가공된 뼈대를 어떻게 이용할 것인가가 관건이다.

『내 손으로 짓는 내 집』의 주제도 시대에 맞추어 개인이 장부 가공에 걸리는 오랜 시간을 허비하지 않고 나머지 시공을 어떻게 정교하고 경제적으로 할 수 있을 것이냐에 초점을 맞추었다.

3.

원하는 부분만 하려면 하프빌드 Half build가 적합하다

셀프빌드Self-build라 하더라도 처음부터 끝까지 전체를 혼자서 하는 것이 아니고 부분적으로 외주를 줘야 하는 일이 반드시 생긴다. 자기 혼자 집을 짓는다는 생각도 시간적, 체력적, 금전적 조건이 다르므로 짓는 것에 대한 기대와 꿈도 여러 가지다. 단순한 셀프빌드에 만족하지 않고 개척의 정신으로 산에서 원목을 베어 내는 것에서부터 시작하는 사람도 있겠지만, 반대로 내부공사의 간단한 부분만 하고 싶은 사람도 있다. 휴일에만 작업하는 샐러리맨은 구조 부분은 외주를 주고 쉬운 부분만 공사하는 방법이 현실적인 대안이다. 집을 짓는 전반부의 기초공사, 뼈대가공, 뼈대조립 등은 대공사라 체력을 써야 할 부분이 많다. 전반부의 공사를 할 수만 있다면 달성하고 난 다음의 기쁨은 배가 될 것이다. 후반부는 내부공사가 많고 구조 부분이 아니므로 취급하는 재료도 가벼워 힘들지 않게 공사를 할 수 있다. 마감 부분이기 때문에 하기에 따라 자기 나름대로 개성을 발휘하기 쉬운 부분이기도 하다.

바쁜 샐러리맨이 셀프빌드를 하려면 제일 큰 장애가 시간배분 문제다. 프리컷 자재를 사용하여 뼈대를 짜고 난 후 지붕공사가 곧바로 가능하므로 기초부터 지붕까지 외주를 주고 그 이후부터 자기가 하면 기후나 현장관리에 신경 쓰지 않고 원하는 시간대에 작업할 수 있다. 어려운 부분은 업자에게 맡기고 쉽게 하고 싶은 일만 골라서 할 수 있는 것이 하프빌드Half-build 방식이다.

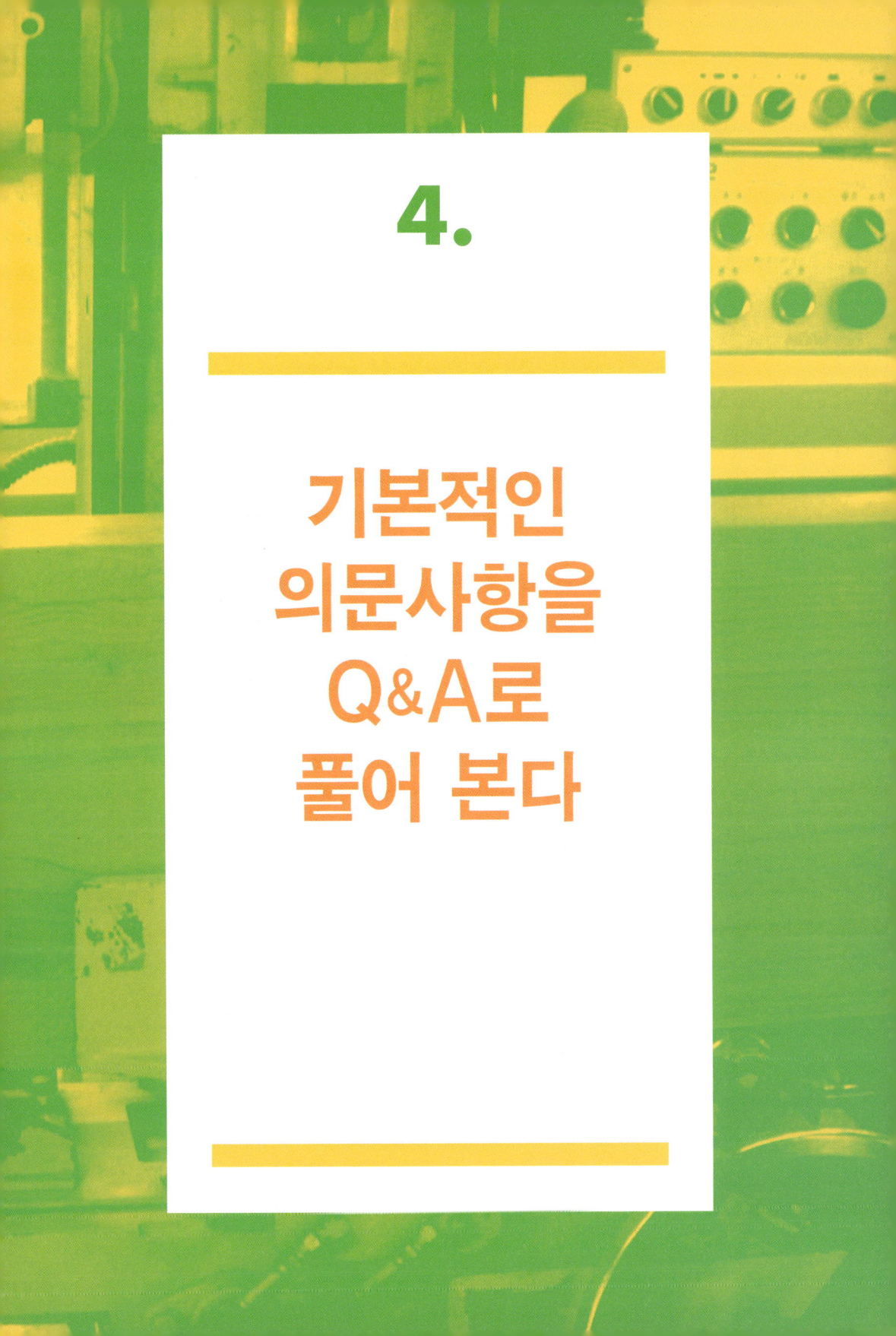

4.

기본적인
의문사항을
Q&A로
풀어 본다

01.
직접 집을 지으면 얼마나 비용을 절약할 수 있을까?

공장 프리컷 가공품을 이용하여 자기가 직접 집을 지으면 건축 자재를 얼마나 저렴하게 구매하느냐에 따라 건축비용이 다소 차이가 있을 수 있지만, 대략 건축비의 20%~25% 정도는 절약할 수 있다. 조금 더 나아가 벽체 패널제작이 가능하면 건축비의 40% 정도까지 절약할 수 있다.

거의 재료비만 들이면 집을 지을 수 있는 정도이다.

02.
건축 자재는 어디서 구매하는 것이 좋은가? 개인도 구매할 수 있는가?

건축에서 기둥, 대들보, 용마루 등의 중요한 뼈대가공은 도면을 프리컷 공장에 전달하면 사전에 공장에서 가공할 수 있다. 물론 개인도 뼈대 가공을 공부해서 할 수 있지만, 이 뼈대 가공에 대한 상세한 부분은 차후 고급 편에서 논할 예정이다.

초보자일수록 공장 사전가공품프리컷의 종류를 늘이면 된다. 기본 자재들은 목조주택 전문 자재점이 전국적으로 분포되어 있어 인터넷으로 검색하면 쉽게 찾을 수 있다. 나머지 철물들은 철물점에서 구매하고 타일과 도기는 전문 타일점에서 구매할 수 있다.

03.
공사기간은 얼마나 걸릴까?

건물의 공사기간은 건물의 규모에 따라 다르다. 그리고 어디에서 어디까지 본인이 시공할지에 따라 다르고 친구나 친지의 도움을 얼마나 받아가며 일할지에 따라 다르다. 기초공사, 뼈대조립, 지붕의 마감, 외장마감, 내장마감, 전기공사, 기본설비까지 본체19m²와 포치12m²를 합하여 약 31m² 규모의 건물이라면 공장 프리컷을 제외하고 50~100인의 품이 들어가므로 혼자서 천천히 한다고 가정하면 3개월 조금 더 걸린다.

04.
혼자서 집을 지을 수 있을까?

건축은 2~3인이 협동하면서 시행하는 것이 가장 합리적이다. 그러나 셀프빌드는 필요시만 협력을 받고 나머지 대부분 시간을 혼자서 시공한다. 그러나 셀프빌드는 가족과 지인들이 재미있게 서로 협력하며 충분한 시간을 두고 창작활동처럼 짓는 것이 바람직하다. 그중에 건축의 경험자가 있다면 멘토로 모셔서 지

으면 일의 능률도 오르고 효율적이다. 굳이 혼자서 지으려면 할 수는 있지만, 벽체패널 삽입 시는 무게가 무게인 만큼 최소 3인 이상이 필요하다.

벽체패널을 공장에서 사전 가공하지 않고 기둥·보 구조를 세운 후 벽체를 시공하면 파티오창호Patio door: 출입이 가능한 창호의 삽입을 제외한 모든 시공을 혼자서 할 수 있다. 그러나 셀프빌더의 개념은 혼자서 짓는다고 하는 생각보다 혼자든 둘이든 상관없이 "내 집을 내가 짓는다."라고 생각하는 것이 더 중요하다.

05.
집을 짓는 데 자격이 필요한가?

집을 짓는 자격이 필요치 않고 누구나 할 수 있다. 단, 전기공사, 가스공사는 제약이 있다. 전기를 사용하기 위해서 한전과 계약을 해야 하는데 전기시공자격을 가진 업자만이 신청과 계약의 일을 할 수 있다. 전기배선과 나머지 시공은 스스로 하고 신청과 계약업무만 전기 업자에게 부탁할 수 있다. 가스공사는 가스

업자만이 가스관을 시공할 수 있는 권한이 있어 가스공사는 건축할 인근의 업자에게 외주를 주는 것이 좋다.

06.
집 짓는 기술은 어떻게 몸에 익힐 수 있는가

자기 집을 짓기 위해서 다른 셀프빌드의 현장에서 보조역할을 해 주면서 익히는 방법도 있지만, 처음부터 매뉴얼이나 책을 보고 익히는 방법도 있다. 요즘은 목조주택학교에서 정규과정을 이수하는 분들이 많은데 고무적인 일이다. 그러나 비용을 생각하면 셀프빌더끼리 협업하는 방법이 제일 경제적이다.

07.
시공방법을 알려면 어떻게 하면 될까?

역시 목조주택에 관련된 책을 몇 권 읽을 필요가 있다. 표준적인 매뉴얼이나 시공방법, 기술기준에 대해 상세하게 적혀 있는 책을 열심히 공부하면 된다. 지붕이나 외벽, 창호재 같은 경우는 브랜드의 시공설명서를 참고하고 그래도 의문사항이 생기면 그 회사에 시공문의를 하면 된다. 예를 들면 간단한 지붕시공의 경우 유튜브에 '지붕시공'이라는 단어를 검색하면 동영상으로 쉽게 볼 수 있다. 다른 부분도 공정별로 검색하면 거의 모든 목조주택의 시공을 동영상으로 익힐 수 있다. 한글로 검색해서 나오지 않으면 영어로 검색하면 더 광범위하게 나온다.

08.
설계를 스스로 할 수 있을까?

집을 지을 구조를 이해하기 위해서도 설계는 자기가 직접 해보는 것이 좋다. 설계에 관한 애플리케이션이 인터넷을 통해 찾아보면 많이 있다. 자기의 실력에 맞는 프로그램을 선택하여 컴퓨터로 배워

보는 것도 셀프빌더 활동에 많은 도움이 될 것이다. 제일 좋은 방법은 본인이 설계하여 간단한 모형을 만들어 보는 것이다. 그러면 건축을 이해하는 지름길이 될 것이다.

09.
공구 구매비가 많이 들지 않을까?

전문가인 목수나 가구 기술자가 사용하는 고가의 도구가 아니더라도 DIY 도구로도 충분하다. 전동 원형톱이나 임펙트 드라이브 등의 전동공구는 쓰임새가 크다. 필요한 도구는 약 200만원 정도면 세트로 준비할 수 있다. 집을 완성한 후에도 울타리나 정원을 꾸미고, 증축, 리모델링 등의 DIY용으로 많이 쓰이기 때문에 미리 준비하면 좋다.

10.
그 외 건축에 필요한 준비사항은 어떤 것이 있나?

전동공구를 사용하기 때문에 공사 전에 가설전기를 설치해야 한다. 전기업자에게 의뢰하여 한전에 신청하면 전기를 설치할 수 있다. 물은 이웃에서 연결하여 사용하는 방법과 지하수를 파는 방법이 있다. 지하수를 파는 방법은 소공을 기준으로 약 250만원의 비용이 든다. 화장실은 집을 짓는 동안 가설용 화장실을 사용하면 된다.

건축의 초보자도 집을 지을 수 있다.

5.

재료와
건축 비용

1, 건축 비용은 얼마나 필요할까?

목표는 3.3m²당 190만원이다. 자기가 짓
는 집은 아주 싸게 지을 수 있을 것으로
생각하지만 하기에 따라서 저렴하게도 비
싸게도 지을 수 있다. 기본적으로 자기의
인건비는 들지 않는다고 생각하면 집을
짓는 비용은 대부분이 재료비다. 그래서
비용을 좌우하는 것은 '어떤 재료를 쓸 것
인가?' 와 '어떻게 하면 저렴하게 구매할
수 있을까?'라는 것이다. 제일 비용의 등
락이 큰 쪽은 구조재보다는 주방기구, 변
기, 세면기, 보일러 시설, 조명, 창호 같은
마감재이다. 제품화되어 있는 마감재를
무엇으로 선택하느냐에 따라서 건축비는 크게 좌우된다.

2, 정말로 저렴하게 지을 수 있을까?

약 10평의 농막은 비용 계산을 해 보면 대리점에 의뢰할 때 약 2,594만원이고 자
가 시공일 경우 자신이 없는 부분을 대리점에 의뢰하면 계산상으로 약 2,286만
원이 소요되어 전부 대리점에 시공을 의뢰했을 때보다 약 308만원이 절약된다.
공장 프리컷 제품과 나머지 자재를 구매하고 시공도 본인이 직접 한다면 완공했
을 때에 비용이 약 1,877만원이 소요되어 약 711만원이 절약된다. 이것은 최대의
목표치다. 그 외 공구구매비가 약 200만원이 든다. 그러나 공구는 지금부터 평생
쓸 수 있기 때문에 비용이 아닌 재산으로 생각하면 된다.
충청도 이북 추운 지방의 건축비와 따뜻한 남부지방의 건축비는 차이가 있을 수 있
다. 추운 지방일수록 단열성능이 좋은 단열재를 사용해야 하고 창호도 이중 유리보다
는 3중 유리나 유럽식 창호를 사용할 필요가 있다. 외벽재도 사용하기에 따라 비싼 재
료들이 얼마든지 있지만, 농막의 특성을 고려하면 고가의 자재를 쓸 필요는 없다.

내가 지으면 얼마나 절약될까?

공장 프리컷(pre-cut)으로 사전 가공한 제품을 구입하여, 연면적 31m²(본체_19m²+포치_13m²)인 약 10평을 시공할 경우

구 분		재 료 비		노 무 비		
		항 목	금 액	전부를 대리점에 시공 의뢰할 경우	부분을 대리점에 시공 의뢰할 경우	본인이 전부를 시공할 경우
구 조 부 분	기초	주춧돌 14개	130,000	250,000		
	기초 패널	구조재, 단열재	540,000	540,000	540,000	420,000
	기둥,보 구조	홍송	1,800,000	1,800,000	1,800,000	1,550,000
	벽체 패널	OSB 구조재 2×4 R-11 열반사, 타이벡	1,490,000	1,250,000	1,250,000	1,050,000
	외부 데크	구조재, 오일스테인	1,040,000	600,000		
	소 계		5,000,000	4,440,000	3,590,000	3,020,000
내 외 장	지붕패널	지붕패널 + 못	1,900,000	1,400,000	1,400,000	1,150,000
	창호 현관도어	제이드 시스템창호 스틸팬라이트 싱글	1,430,000	400,000	400,000	
	외벽	시멘트사이딩	520,000	450,000	-	-
	지붕마감	그림자 이중싱글, 몰딩	910,000	450,000	-	-
	내장재(벽)	석고보드 12.5mm 1겹	180,000	250,000	-	
	규조토	규조토	300,000	200,000	-	
	마루	장판	150,000	200,000	-	
	실내도어	예림도어 ABS	160,000	130,000	-	
	소 계		5,550,000	3,480,000	1,800,000	1,150,000
설 비	싱크대	비브렌드	500,000	150,000	150,000	
	화장실 도기	변기, 세면기, 악세서리	500,000	200,000	200,000	
	설비관 공사(본체부)	재료비	200,000	250,000	250,000	
	순간온수		-	-		
	화장실 방수 및 타일	FRP 방수, 기본타일	300,000	420,000	420,000	
	전기 배선		100,000	150,000	150,000	
	조명		100,000	100,000	100,000	
	온돌공사	원적외선 필름 15만원	150,000	150,000		
	소 계		1,850,000	1,420,000	1,270,000	-
기 타	가설 화장실 임대		-	-	-	-
	재료 구매를 위한 운반비		820,000	현장까지운반비별도	현장까지운반비별도	현장까지운반비별도
	소 계		820,000			
합 계			13,220,000	9,340,000	6,660,000	4,170,000
경비 및 이윤 (15%)			1,983,000	1,401,000	999,000	625,500
총공사금액			15,203,000	10,741,000	7,659,000	4,795,500
절약 금액				본인이 직접 구매 시 절약되는 자재비 1,120,000	3,082,000	5,945,500

* 지붕재를 온두빌라로 할 경우 75만원 추가
* 지붕재를 단색 오지기와로 할 경우 150만원 추가
* 단열을 경질 우레탄폼으로 할 경우 70만원 추가
* 창호를 3중 유리로 할 경우 60만원 추가
* 신발장, 순간온수기는 옵션
* 다락과 포치부 샤시는 옵션
* 본인이 전부 시공할 경우의 인건비는 공장 사전 가공비임, 녹색 부분은 공장 사전가공용 재료임 (재료비 합계 573만원)
* 공장프리컷을 제외한 재료(합계 749만원)도 본인이 구입할 경우 749x0.15=112만원 절약된다.
* 총 시공비 2,594만원에서 본인이 직접 시공하면 717만원이 절약되어 1,877만원에 최저비용으로 시공할 수 있다.

※ 상기 금액은 2013년 1월 1일의 자재비와 인건비를 기준으로 계산되었습니다.

3 / 자재는 어디서 구매하면 좋을까?

적재적소에서 찾는다. 옛날에는 건축 재료를 일반인들이 구매하기가 어려웠다. 건축자재는 건축업자 간의 거래이지 일반인들은 가격을 가늠하기조차 어려웠고 개인이 구매하는 경우는 거의 드물었다. 그러나 지금은 인터넷의 발달로 자재에 대한 필요한 정보를 언제 어디서든 쉽게 알 수 있다. 예를 들어 테릴기와의 재료비를 알아보려고 "테릴기와"를 스마트폰에 치면 바로 "테릴기와 가격"이라는 글자가 뜬다. 정말 편하고 밝은 세상

에 살고 있다. 이제 가격을 가지고 장난을 치거나 속이는 시대는 지나갔다. 지역마다 목조주택학교가 생겨나고 셀프빌드나 하프빌드도 점점 증가 추세여서 개인이 건축자재를 구매하는 것이 생소한 일이 아니게 되었다.

가격에 대한 공개와 경쟁으로 업자가 구매하는 가격이나 일반인이 구매하는 가격 차이가 점점 줄어들고 있다. 목재는 목조주택 전문점에서 구매하는 것이 현명한 방법이다. 그래야 저렴하고 품질 좋은 자재를 구매할 수 있다.

우리나라도 전원주택을 지으면 절반 이상이 목조주택을 지을 정도로 친환경성과 편리성 때문에 점점 목조주택 건축이 증가하고 있다. 대부분의 목조주택 자재들이 미국이나 캐나다에서 수입되고 있는데 우리 주변에도 목조주택 자재를 종합적으로 취급

하는 회사들이 많이 생겨나고 있다. 특히 미국식 경량목구조는 콘크리트 기초를 제외한 구조재부터 내·외장 마감재까지 일괄 구매가 가능하다. 그러나 전통한옥의 가구구조인 기둥·보 주택이나 황토주택은 뼈대 부분은 제재소에서 원목을 제재하고 가공공정을 거쳐 사용하는 것이 보통이다.

어느 정도 규모가 있는 목조주택 전문점과 거래를 해보면 내가 필요한 대부분 자재를 구할 수 있다. 일부 자재를 갖춰 놓지 않았더라도 구매할 수 있는 정보를 얻

을 수는 있다. 대
부분의 목조주택
자재 전문점에서
는 지붕재, 외벽
재, 창호재, 단열
재, 본드류, 철물
류, 공구류 등을
구할 수 있다. 필

요한 물건을 상점에 비치해 놓고 판매하는 것이 아니라 대부분 주문하면 짧은 시
간 내에 물건을 가져다준다. 구매요령은 믿을만한 목조주택 자재 전문점을 찾아
거래하면서 소량으로 한 번만 거래하는 것이 아니라, 집 한 채를 짓는다는 걸 미
리 이야기하는 것이 좋다. 이렇게 물꼬를 터놓으면 바쁠 때 전화 한 통화로 물건
을 현장까지 직접 배달해 주기도 한다.

구매하려는 자재의 종류나 수량을 전화나 메일 혹은 팩스로 견적을 받은 후 주문
해도 좋지만, 자재를 구매하기 전에 검토 단계에서 제품의 카탈로그나 시공순서

나 방법을 상세
하게 설명한 책자
등을 받아 보는
것도 좋은 방법이
다. 물건을 구매
하기 전에는 반드
시 그 물건을 어
떻게 시공해야 하
는지를 알아야 한

다. 모를 때는 판매자나 브랜드에 직접 알아보고 결과를 팩스나 메일로 받아 보
도록 한다. 시공하는 방법을 모르고 책자나 다른 현장에서 막연하게 보고 자재를
구매했다가 자기 현장에 부적합하여 시공을 못 할 때는 제품을 반품하지 못하는
예도 비일비재하다.

철물류나 배관설비 등 필요한 거의 모든 건축자재는 가까운 철물점에서 판매하

고 있다. 집을 한 채 지으면
수십 가지의 잡다한 철물들이
필요하므로 어느 정도 규모가
있는 철물점과 거래하는 것
이 좋다. 처음에는 철물의 이
름을 몰라서 구매하지 못하는
때도 있다. 이때는 휴대폰에
필요한 제품사진을 찍어 물건
을 구매하면 편리할 것이다.

4/ 인터넷으로 구매하기

간혹 자재 전문점에서 구매할 수 없는 물건들이 있다. 이럴 때는 인터넷을 통해
자재정보나 금액을 손쉽게 알 수 있다. 가격에서 큰 차이는 없지만 적정한 가격
에 구매했는지, 또 구매 해 놓고도 안심이 되지 않을 때가 있는데 인터넷을 검색
하여 확인해 보는 방법도 좋을 것이다. 인터넷으로 구매하면 사전에 물건을 만져
본다든지 확인할 수 없는 단점과 반품이 어려운 경우도 있으니 주의해서 구매 할
필요가 있다.

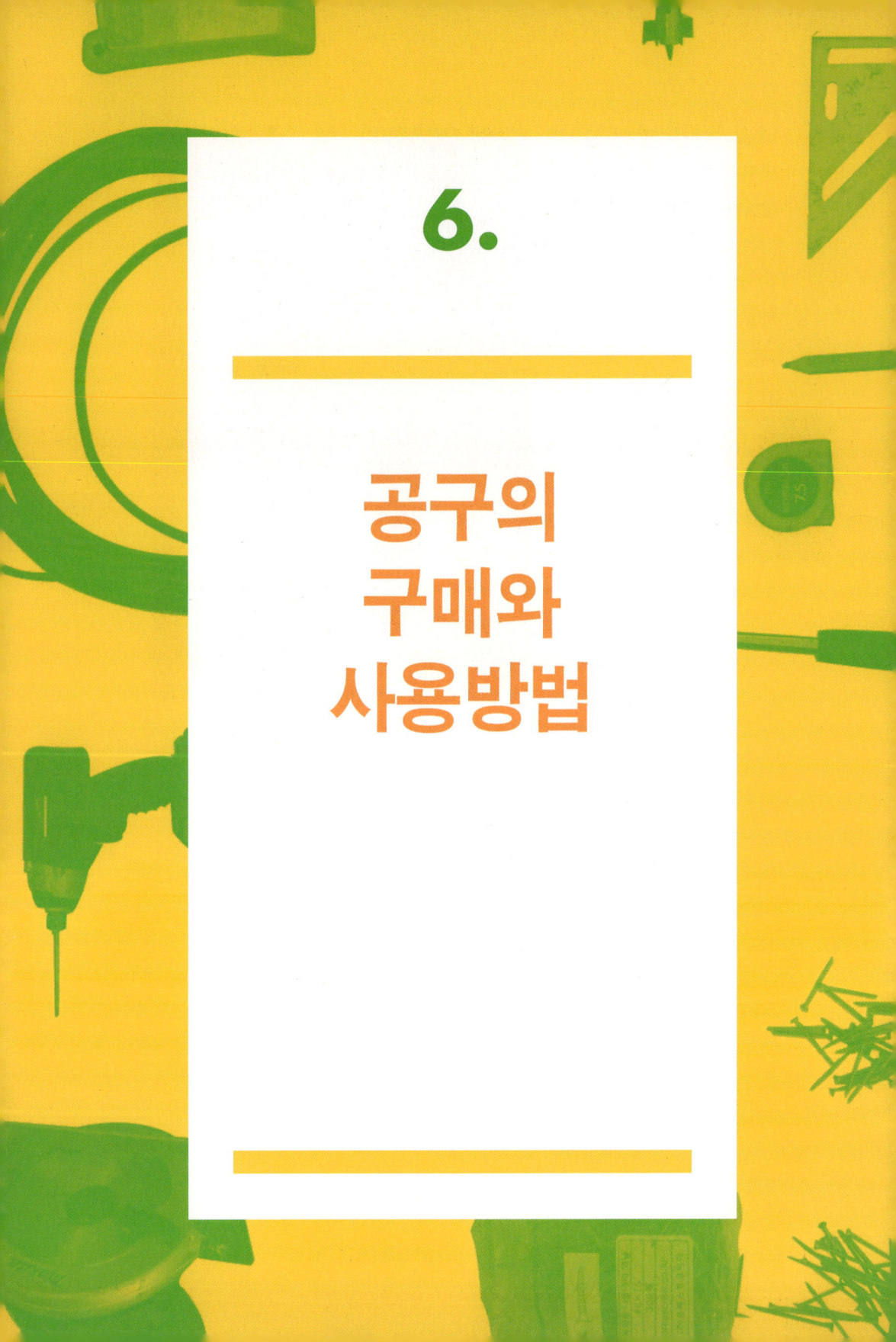

6.

공구의
구매와
사용방법

1/ 공구는 어디까지 구매해야 할까?

집 한 채를 짓거나 개집 한 채를 짓거나 사용하는 도구는 큰 차이가 없다.

'내 집은 내가 짓는다.'라고 하면 '인건비 절약보다 공구 값이 더 들겠다.'라고 말할 수 있다. 프로 목수들은 몇십, 몇백

만원 하는 대패나 전동공구들을 많이 가지고 있다. 까다롭고 고급스러운 일을 많이 할수록 좋은 공구들이 필요하다. '집을 지으려면 목수들과 같이 많은 도구가 있어야 하지 않느냐?'라고 당연히 생각하기 쉽다. 그러나 실제는 다르다. 좋은 도구를 보유하고 있으면 확실히 작업효율은 높아진다. 그러나 셀프빌더들은 각자의 생업이 따로 있고 공구에 그렇게 많은 돈을 투자하지 못하는 실정이다. 원형 전기톱이나 충격 전동드라이브 같은 것은 사용빈도가 높아서 다소 비용이 들더라도 구매하면 충분히 실력을 발휘할 수 있다. 그 외의 것은 저렴한 것이라도 쓸만하다. 약 200만원 정도 투자하면 웬만한 목수 일을 할 수 있을 정도의 공구를 세트로 갖출 수 있다. 전문적인 큰 도구나 한두 번 사용할 빈도수가 낮은 도구는 필요할지 잘 고민해보고 구매해야 한다. 집을 짓는 대공사라고 해서 건축 일

을 전문적으로 하는 사람이 사용하는 도구가 반드시 필요한 것은 아니다. 요즘 목조주택을 짓는 전원주택 현장에서 미국식 경량 자재를 못총으로 "탕탕"거리며 부재를 결합하는 것을 본 적이 있을 것이다.

미국식 경량목구조일 경우 못총으로 집을 지으면 효율이 높다. 그러나 전통공법은 암수홈으로 가공하여 결합하는 방식이기 때문에 이러한 총 종류나 큰 도구들이 필요 없다. 또한, 공장에서 프리컷 가공을 의뢰하면 더 도구사용의 빈도수는 줄어든다.

2, DIY에 자주 사용되는 도구의 종류와 사용방법

(1) 일반도구의 종류와 사용방법

01. 카터나이프

목수의 기본도구 중 하나로 목수의 연필 깎기부터 제품의
포장 자르기, 헝글 자르기, 방수시트 자르기, 석고보드 자르
기 등 이루 헤아릴 수 없을 정도로 사용처가 많다. 그러나
사용하기가 간단하다고 생각하여 방심하면 안 된다. 특히
얇은 합판류를 절단한다든지 나뭇결 방향의 절단은 주의를
기울이지 않으면 일정하지 않은 나뭇결 방향에 비쳐서 손
가락을 다칠 수 있으니 주의해야 한다.

02. 줄자

줄자는 주로 길이와 넓이, 높이를 측정하는 용도로 사용되는 목수에게는 필수품
이다. 미터용 자와 인치용 자가 있는데 초보자는 미터용 자를 사용하는 것이 좋
다. 인치용 자는 미국 경량목구조 목수들이 주로 사용하는 줄자이다. 간혹 줄자
를 사용하다가 정밀한 치수가 나오지 않아 살펴보면 줄자 끝 부분의 걸이쇠가 망
가져 있는 경우가 있는데 조심해서 살펴봐야 한다.

03. 스피드 스퀘어

미국식 경량목구조용으로 개발된 것인
데 일반 목구조 현장에서도 유용하게
사용할 수 있기 때문에 익혀두면 편리
하다. 주로 직각의 선을 표시하고 때로
는 제품을 직각이나 45도로 자를 때 가
이드로 사용하면 아주 편리하다. 45도

뿐만 아니라 어떤 각도도 간단히 표시할 수 있어 스피드 스퀘어Speed-Square라
는 이름이 붙여졌다. 삼각의 끝 부분을 힌지의 축으로 메모리에 적혀있는 각도에 갖다

내 손으로 짓는 내 집

대고 연필로 그으면 정확한 각도가 나온다.

04. 양철가위

양철가위는 지붕공사의 성글이나 후
레싱, 금속류, 얇은 플라스틱 제품 등
절단에 유용하게 사용하는 도구이다.

05. 손톱

손톱은 목재를 자르는 톱과 켜는 톱이 있다. 자르는 톱은 목재의 섬유질과 90도
방향으로 절단하는 것이고 켜는 톱은 목재의 섬유질 방향으로 절단하는 톱이다.
옛날 톱을 보면 톱날이 양쪽으로 붙어 있다. 목수의 가장 기본은 목재를 자르는
것이다. 손톱은 사용하기가 간단해 보이지만 그렇지 않다. 단언컨대 손톱을 완벽
하게 다루는 사람, 완벽한 목수라 할 수 있다.

06. 수평대

수평대는 수평뿐만 아니라 수직까지도 측정하는 아주 중요한 도구다. 필자는 건
축시공의 기본 3요소는 '치수, 수직과 수평이다.'라고 생각한다. 건축에서 수직과
수평은 중요한 요소이고 따라서 그것을 측정하는 수평대도 그만큼 중요한 도구

이다. 수평대 사용
시 가장 중요한 것
은 수평대가 제품
전체에 부착해서
수평대에 붙어 있
는 사각유리관 속
의 물방울이 정중
앙에 있는 것을 확
인하는 것이다.

건축의 초보자도 집을 지을 수 있다.

(2) 전동공구의 종류와 사용방법

01. 임펙트 드라이버Impact drivers

임펙트 드라이버는 전기로 충전해서 사용하므로
휴대가 쉽고 충격을 주는 힘으로 나사를 돌리기 때
문에 돌리는 힘이 아주 좋다. 이 기계 하나만 있으
면 목구조의 현장에 조임이 필요한 일 대부분을 해
결할 수 있다. 팁 부분을 교체하면 나사못뿐만 아
니라 육각볼트는 물론이고 목공용 드릴 작업까지
다양한 작업을 수행한다. 사용 시 떨어질 때 팁 부분의 충격은 큰 고장의 원인이
되므로 주의해서 사용한다.

02. 전동드릴

전동드릴의 비트 회전수가 정속형인 것
과 변속형인 것이 있다. 정속형은 분당
1,200~2,600회전이지만, 변속형은 분당
0~2,600회로 회전수를 변속하는 것이 가능하
다. 드릴을 가공물에 가까이하여 스위치를 넣
어 정격 회전수에 도달하면 자리를 잡은 후 서
서히 작업한다. 아주 강하게 눌러도 빨리 뚫리지 않고 오히려 드릴의 마모를 촉
진해 기계의 수명을 단축하게 하는 원인이 될 수도 있으니 주의해야 한다. 구멍
이 다 뚫렸을 때는 누르는 힘을 줄이고 기계를 균형 있게 단단히 잡지 않으면 비
트가 부러질 수도 있으니 주의해야 한다.

드릴을 사용할 때는 구멍의 지름이 클수록 회전수를 줄여 사용한다. 비트는 목적에 맞추어 장착하지만 드릴척에 꽉 고정해두지 않으면 작업 중 흔들릴 염려가 있으며 작업이 안 될 뿐만 아니라 생각지 않은 사고가 발생할 수 있다. 그래서 비트를 드릴척에 끼워 넣고 드릴척의 3개 구멍에 있는 기어를 균일하게 하여 조이고, 분해할 때는 조일 때와 반대로 돌리면서 드릴척에서 푼다.

03. 디스크샌다

샌드페이퍼 고정용 스프링을 누른 후 샌드페이퍼를 끼워 넣고 고정용 스프링을 놓으면 샌드페이퍼가 고정된다. 이때 샌드페이퍼를 팽팽하게 고정해 처지지 않

게 한다. 샌드페이퍼를 쉽게 고정하기 위해 한쪽을 고정한 후 반대쪽을 5~7mm 집은 후 고정하면 쉽게 고정할 수 있다. 샌드페이퍼를 가공 면에 대고 ON 혹은 OFF 시키면 가공 면을 크게 손상할 우려가 있으므로 항상 가공 면에서 떼고 스위치를 넣고 일정속도가 되면 가공하기 시작한다. 이때 가볍게 눌러 전후 방향으로 이동을 반복하여 가공하면 된다. 필요 이상으로 세게 누르면 모터에 무리

가 갈 뿐만 아니라 샌드페이퍼의 수명을 단축하므로 주의해야 한다. 작업 도중 입자가 다른 샌드페이퍼를 사용하면 깨끗한 면을 얻을 수 없으므로 똑같이 연마될 때까지 입자가 같은 샌드페이퍼를 사용하도록 한다.

04. 전기 원형톱Electric circular saws

미국과 캐나다에서는 "스킬소"로 불리기도 하는데 목재의 절단과 켜기 등 목조주택 현장에서 제일 많이 사용하는 도구 중 하나다. 사용방법은 절단 가이드 선에 톱날을 맞추어 놓고 소재에서 약간 멀리 놓은 후 톱날의 회전이 일정하게 될 때까지 기다렸다가 피

절삭물에 대고 자르기 시작한다. 거의 다 잘랐을 때는 피절단물의 절단면에 톱날이 물려 본체가 강한 힘으로 되돌려지는 경우가 있기 때문에 주의해야 한다. 그래서 잘려 떨어질 소재 부분을 한 손으로 단단히 잡고 눌러서 작업을 완료하는 것이 중요하다.

사용하기 전에 안전을 위하여 톱날 조임을 확인해야 하고 이상이 있을 때는 조임 볼트를 시계 방향으로 돌려 조인다. 간혹 안전커버를 고정하여 사용하는데 안전커버는 신체에 날이 닿는 것을 막기 위해 설치한 것이므로 안전을 위해 절대로 고정해서 사용하면 안 된다. 반드시 날을 가리도록 하고 원활하게 움직이는가를 확인한 후에 사용해야 한다. 날이 회전하고 있을 때는 기계를 이동시켜서는 안

된다. 사용 중에 날이 멈추거나 이상한 소리를 낼 때는 즉시 스위치를 빼고 이상 유무를 확인해야 한다. 다른 전동공구와 마찬가지로 작업하지 않을 때는 반드시 전원을 차단해야 한다. 아울러 날 등을 바꿀 때는 반드시 전원을 차단한 후에 바꾼다. 구매할 때는 브레이크, 안전커버 및 스위치 기능 등을 점검한 후 구매한다.

05. 슬라이드 스킬톱-Miter saw

전기 원형톱은 이동하면서 어떤 위치에서나 절단작업이 가능한 데 비하여 슬라이드 스킬톱은 덩치가 크고 원형 톱날도 크다. 대부분 한 자리에 고정해 놓고 사용한다. 큰 부재의 절단이 쉽고 부재를 눕힌 상태나 세운 상태에서도 사용할 수 있는데 기계를 수평이나 수직상태에서 각도를 조절하여 절단할 수 있어 복합각도 절단기라고 할 수 있다. 전동기계가 없었던 시절에는 고도의 측도기술 없이는 절단하지 못했던 각도까지 간단히 해결된다. 이리저리 각도를 변형하여 절단할 수 있는 만큼 안전사고도 잦으니 조심해서 사용해야 한다.

공장 프리-

이용한

컷

자재를

농막 짓기

1.

공정별
시뮬레이션

농막을 짓기 전에 3D 시뮬레이션을 통해
기초부터 완성까지 공정별로 11개 과정을 소개하고 있다.
완성된 평면도를 바탕으로
실제의 모습을 구체적으로 입체화시켜
정면, 측면, 배면의 모습을 여러모로 보여준다.
실제 지어질 집의 변화를 미리 볼 수 있어
공정별 이해도를 높일 수 있고 이런 과정에서 얻은
설계도면의 CAD/CAM 정보는
프리컷시스템pre-cut system 가공 기계로 전달되어
목재를 가공하는 기초정보가 된다.

[기초부터 완성까지 시뮬레이션 순서]

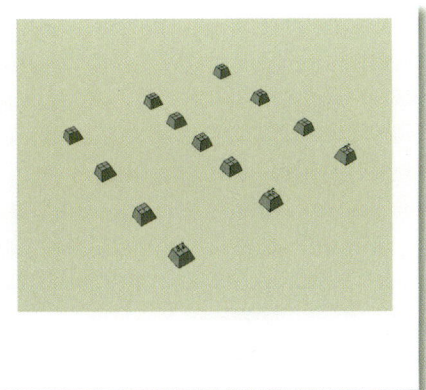

01

주춧돌 놓기

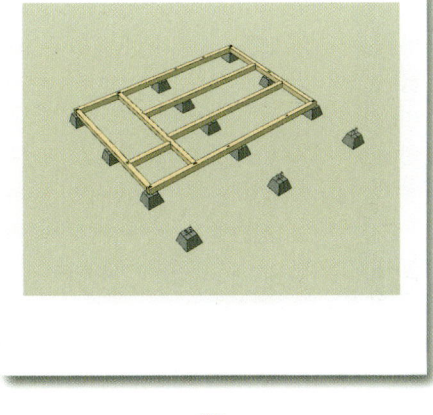

02

토대목 놓기

03

바닥 플랫폼 설치

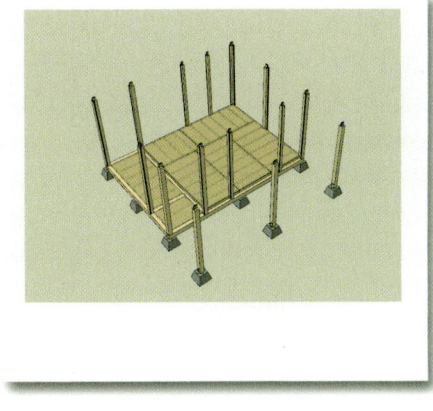

04

기둥 설치

공정 프리컷pre-cut 자재를 이용한 농막 짓기

내 손으로 짓는 내집

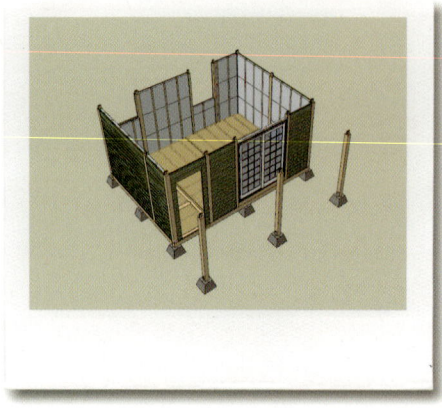

05

벽체 설치

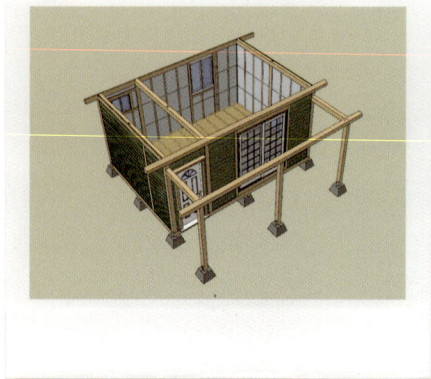

06

대들보, 도리, 퇴보 설치

07

용마루와 대공 설치

08

지붕패널 조립

09

지붕 마감공사

10

데크 설치

11

완성

2.

기초
공사

기초는 건물을 지탱하고 그것을 지반에
안정시키기 위해 건물 하부에 설치하는 구조로 건물이
침하, 경사, 이동, 변형, 진동을 일으키지 않게 하는데
중추적인 역할을 한다. 이 건축물은
소규모 가설용으로 독립기초를 사용하고 있다.
기둥의 지지부분만 기초하는 독립기초는 건물을
이동할 수 있는 상황을 연출하거나 분해와 해체의 필요가
있는 곳에 설치한다. 한 곳에서 영구 사용할 목적으로
건축할 경우는 매트기초나 줄기초를 놓아야 한다.
독립기초 공정에서 가장 중요한 것은 주춧돌 상부의
수평잡기와 전체의 직각 잡기이다.

(1) 준비물

- 6×6용 주춧돌 : 철물 없는 것 10개,
  철물 있는 것 3개
- 지름 10mm 가량의 투명 호스
  철물점에서 구매
- 1.8리터 빈 페트병
- 30mm×30mm×90cm 각재 8개
- 쇠망치나 고무망치 큰 것
- 1.8m 수평대

(1) 시공방법

01. 줄자를 이용해서
거리를 측정하고 주춧돌을 놓는다.

02. 주춧돌을 놓을 때
곧은 긴 나무가 있으면 긴 나무 위에
수평대를 놓고 주춧돌의
대략적인 높이를 맞춘다.

공장 프리컷pre-cut 자재를 이용한 농막 짓기

03. 주춧돌의 각 모퉁이에 30mm×30mm 각재를 흔들리지 않게 깊이 박는다.

04. 페트병에 물을 2/3가량 채워서 물 수평을 각재에 표시한다.

물은 같은 공간에 있을 때 항상 같은 높이로 수평을 유지한다.

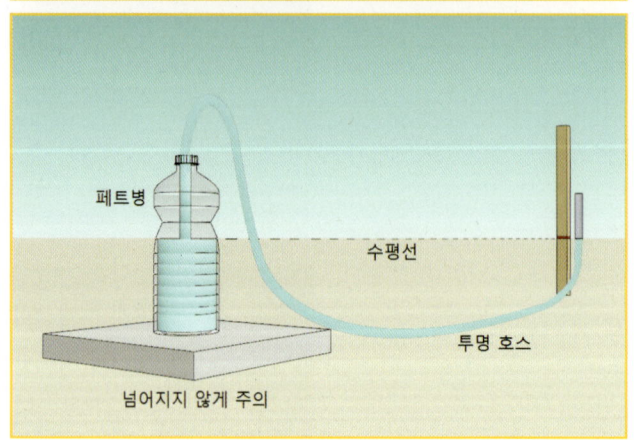

페트병

수평선

투명 호스

넘어지지 않게 주의

내 손으로 짓는 내 집

Tip!

● 페트병 대신 대야를 사용해도 된다.
  큰 집게로 호스와 대야를 고정
● 투명호스는 지름이 가늘고 부드러울수록 좋다.
● 페트병과 호스가 분리되지 않도록
  뚜껑 부분에서 단단히 고정한다.

05. 표시된 위치에 실을
직각 방향으로 고정하여 실의 높이로 주춧돌의
수평 높이를 표시하고 높이를 맞춘다.

06. 주춧돌이 제 위치에 있는지 직각이 맞는지는 집이 직사각형이기 때문에
직사각의 대각선 길이가 같으면 정확한 직각인 $90°$ 가 된다.

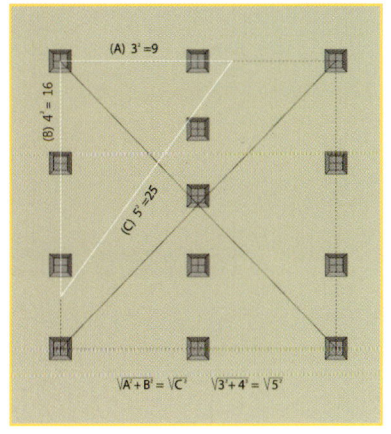

3.

토대목
공사

공장에서 프리컷시스템pre-cut system

가공 기계로 한옥식 암수홈가공공법으로

가공된 부재들은 퍼즐을 맞추듯 끼우기만 하면 된다.

X축 좌표는 숫자, Y축 좌표는

알파벳으로 번호를 부여하여 각 부재에 표시하였다.

끼워 맞춘 후 직각을 맞추기 위해서는

각 코너에서 측정한 대각선의 길이가 같으면

직각이 된다. 그렇지 않으면

X축 방향이나 Y축 방향을 당겨서

대각선의 길이를 맞추면 된다.

내 손으로 짓는 내 집

시공방법

01. A라인과
D라인의 부재를
나란히 놓고
0라인과 2라인을
끼워 맞춘 후
1라인을 끼운다.

02. 차례로 B라인,
C라인의 부재를
끼워 맞추면 된다.

03. 암수 홈을 맞춘 후 그림과 같이 나무망치나 무거운 쇠망치로 가볍게 떡메를 치듯 위에서 차례로 내려쳐 고정한다.

04. 부재가 안쪽으로 휘어져서 중간 토대목이 길어져 있으면 홈 맞춤이 잘되지 않는다. 이런 경우는 지렛대의 원리를 이용하여 밀면서 맞춤을 하면 그리 힘들이지 않고 홈 맞춤을 할 수 있다.

4.

바닥 플랫폼 공사

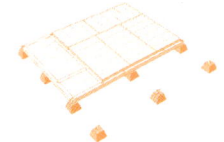

바닥 플랫폼공사는 독립기초나 크롤형기초에 적용되는
특수한 건식 바닥기초로 공장에서 사전 가공된 패널을 토대목
위에 안치시키는 공사이다. 이 패널은 빈틈없이
단열재를 메워 외부의 열에 영향을 적게 받게끔 제작되어 있다.
패널 위에 온돌과 마루를 직접 시공할 수 있게 되어 있는데
될 수 있으면 건식온돌을 적용할 것을 권하고 싶다.
습식으로 엑셀파이프를 고정하여 몰탈로 미장하여 온돌을 시
공하면 나중에 해체 시 큰 어려움을 격을 수 있다.
농막은 패널 위에 6mm 두께의 은박지를 깔고
원적외선 필름을 난방재로 시공하고 장판이나 강화마루로
시공하면 된다.

1/ 방

우선 토대목이 직각이 맞는지 대각선의 길이를 측정하여 확인한다.
토대목의 수평을 확인하고 난 다음 토대목 위에 공장에서 사전 가공한 패널을
20mm 정도 걸쳐지게 고정한다. 나사못으로 고정하기 위하여 토대목 옆에
2″×4″ 구조재를 나사못으로 고정한다.

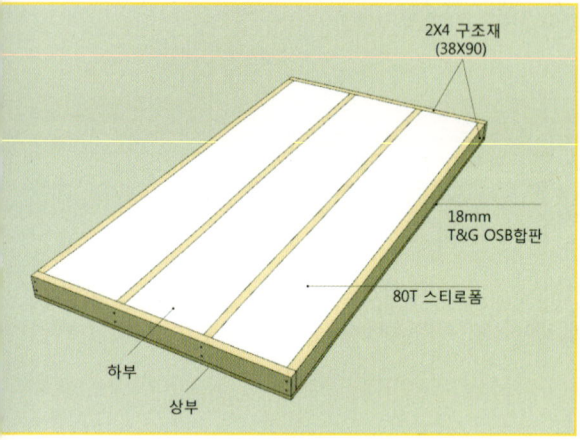

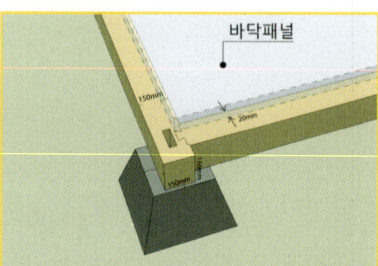

틀 전체의 직각을 움직이지 않게
고정하기 위해서는 한쪽의
코너만이라도 직각이 좋은 상태에서
패널을 고정한다

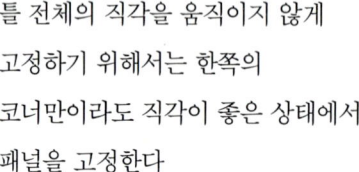

2/ 현관과 화장실

현관과 화장실을 방보다 약 110mm 정도
낮게 하려고 공장에서 사전 가공한
패널을 토대목 사이에 끼워서 토대목의 상부와
패널 상부를 일치시켜 고정한다.

5.

벽체조립
공사

1 / 벽체조립

벽체조립은 공장에서 사전가공 된 패널을 본체의 뼈대와 결합하는 공정이다.
본체의 뼈대는 패널의 홈을 끼울 수 있도록 가공되어 있고
패널은 뼈대와 결합할 수 있도록 홈이 튀어나와 있다. 이 부품들은
순서에 맞게 끼워 맞추기만 하면 벽체가 완성되므로 기술자가 아니더라도
매뉴얼만 숙지하면 벽체조립이 가능하다.

(1) 벽체조립 순서

01. 사전가공 된 기둥을 번호에 맞추어
각각 홈에 끼운다. 번호가 적힌 쪽이 밑쪽이다.

02. 하인방을 삽입한다.

03. 하인방이 중간에 있는 창은
창 밑의 벽체를 삽입한다.

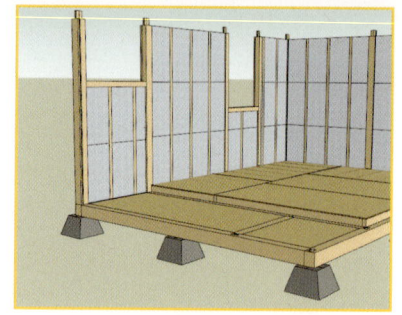

04. 시스템창호를 삽입한다.

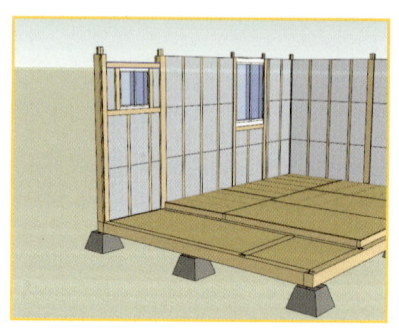

05. 상인방을 결합한다.

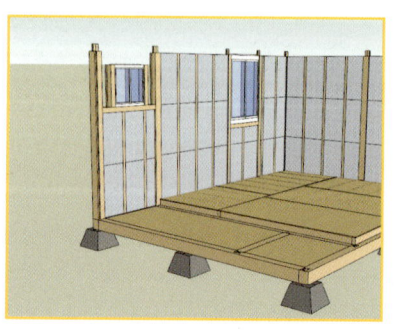

06. 상인방 상부의 벽체를 삽입한다.

07. 하디사이딩 외장재와
R11 그라스울 단열재로 가공된
벽체패널을 기둥의 홈에 끼워서
수직을 맞춘다.

08. 벽 전체의 수직을 맞추고 그 위에
도리와 대들보를 끼운다.
주의_ 기둥의 홈은 바깥쪽으로 위치해야 한다.

R11 그라스울 단열재
2X4 구조재
11.1mm OSB 구조재
타이벡 특수방습지
하디사이딩

150mm

150mm

2X4 구조재

(2) 벽체조립 요령

먼저 세워진 기존의
기둥 홈에 패널의
날개부를 위에서 아래로
내리면서 삽입하고
반대편에서
나무망치나 고무망치로
때려서 맞춘다.
이때 패널의 날개부가
파손되지 않도록
2x4구조재를 패널에
대준다.

2. 창호공사

시스템창호는 기밀, 단열, 수밀, 풍압, 단열성의 여러 기능을 보유하여
효율적으로 에너지를 절감하면서 실내온도를 유지할 수 있는 창문이라 할 수 있다.
시스템창호는 일반창호에 비하여 뛰어난 성능을 가지고 있고
목조주택의 특성에 잘 맞는 창호이다. 목조주택은 대개 2″×4″, 2″×6″ 규격의
구조재로 벽 골조를 형성한다. 이 때문에 벽체의 두께가 9~14cm 정도밖에 되지 않아,
창틀이 두꺼운 일반창호를 쓰는 것보다 시스템창호가 효율적이다.
공장에서 사전 제작한 자재를 이용한 농막 짓기는 파티오창의 성공적 삽입이
제일 큰 관건이다.

(1) 준비물

● 거실 창 : 파티오창patio door 1,800mm×2,032mm
● 거실 북쪽 창 : 싱글 슬라이드 914mm×1,219mm
● 화장실 창 : 싱글슬라이드 610mm×610mm
● 현관문 : 팬라이트 싱글도어제이드사
● 기둥 4개시스템창호의 날개를 삽입할 수 있는 홈이 있는 기둥

참고_ 파티오창이란 출입이 가능한 시스템창호를 말한다.

(2) 창호 시공순서

파티오창의 시공순서

01. 기둥 설치 → **02.** 하인방 삽입 → **03.** 파티오창 삽입 → **04.** 상인방 삽입 →
05. 상부벽체 삽입

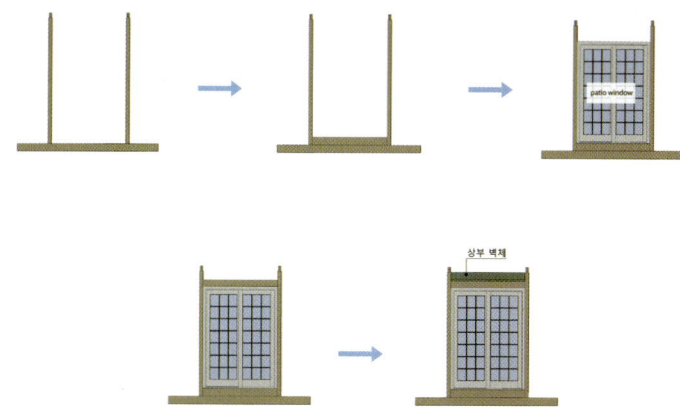

(3) 시공방법

가. 하인방과 파티오창 삽입요령

01. 하인방을 양쪽의 기둥에 삽입한 채로 기둥을 양옆으로 비스듬히 기울이면서 넣는다.

02. 파티오창은 날개부가 사방으로
부착되어 있어 기둥 양쪽과 하인방, 상인방
모두 홈의 날개부를 삽입하여야 한다.
이때 하인방 삽입 요령과 비슷하게 기둥을
옆으로 기울여 기둥의 홈 부분에 날개를
삽입하여 넣는다.

03. 날개 부위가 구불거려 기둥의 홈에 잘
들어가지 않을 때는 고무망치나 나무망치로
기둥을 때려준다. 이때 충격으로
창호 유리가 깨지지 않도록 주의해야 한다.

나. 싱글슬라이드 창 시공
요령은 파티오창의 삽입요령과 비슷하다.

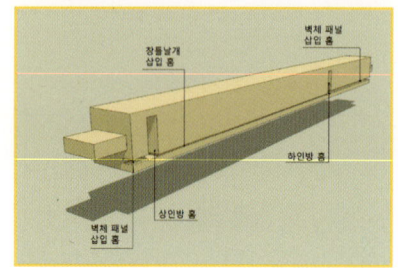

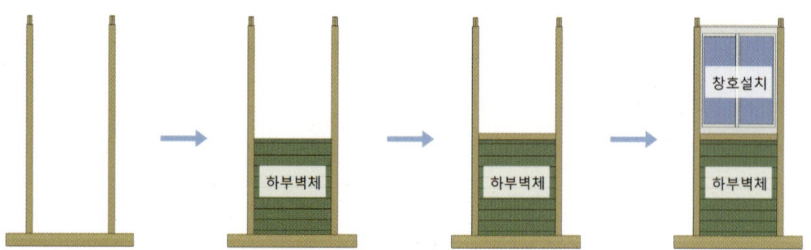

다. 현관문 삽입

기둥과 창호와 벽체를 조립한 다음 마지막으로 현관문을 부착한다. 현관문은 상하 좌우
를 구분하여 문틀의 가스켓을 들추고 그곳에 60mm 이상의 나사못으로 벽체의 목재부
에 고정한다.

60mm 나사못 고정자리

나사못을 고정해도 나사못 머리는
가스켓에 가려 보이지 않음

6.

대들보
및 용마루
조립공사

벽체 상부에서 벽체의 장방향으로 고정되는 부재를
한옥에서는 도리라고 한다. 민도리집에서
납작한 모양으로 사용한 납도리, 주요건물에 사용한
둥근 굴도리가 있는데 이 건축물에서는 납도리를 사용했다.
지붕의 하중을 받아 기둥으로 전달하는 부재로
도리와 장여에 직교 방향으로 연결한 보를 대들보라 한다.
한옥에서 가장 많이 사용되는 가구형식으로
주심도리 2개, 중도리 2개, 종도리용마루 1개를 합하여
5개라고 하여 오량집오량가이라고 하고,
중도리가 없으면 제일 기본이 되는 삼량집삼량가이다.

양정 프리컷pre-cut 지재를 이용한 한옥 짓기

끼워 넣게 가공된 기둥의 촉

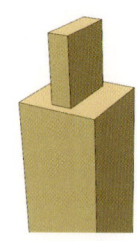

종도리^{용마루}와 중도리를 받치는 대들보 위에 세우는 짧은 기둥을 대공이라고 한다.

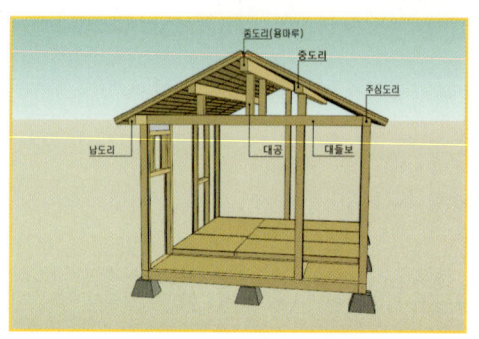

기둥과 벽체, 도리의 결합 순서

01. 도리도 벽체와 결합하는 부분은
홈으로 끼우게 되어 있다. 기둥의 촉과
도리의 구멍 위치를 맞추어 위에서
아래로 눌러 나무망치나 쇠망치로
때려서 고정한다.

02. 반대편의 도리도
같은 방법으로 결합한다.

03. 도리와 도리 사이의 대들보 3개를 고정한다.

04. 대들보 위에 대공을 꼽고 용마루를 결합한다.

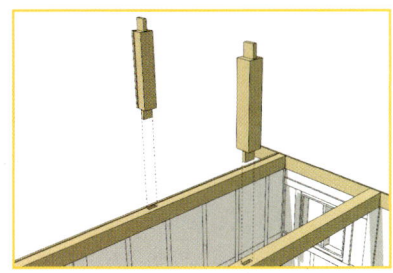

대공과 용마루의 구멍은 삼각벽을 삽입할 수 있도록 일치해야 한다.

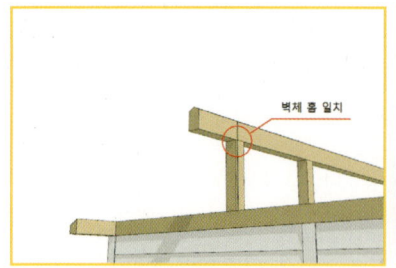

05. 고무망치로 삼각벽을 쳐서 대공과 용마루의 홈에 삼각벽을 끼운다.
이때 도리의 상부에 방수 패킹재와 실리콘을 충분히 발라 방수처리를 한다.

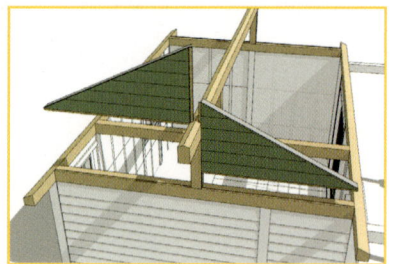

06. 완성된 용마루 모습

7.

지붕
패널공사

본체의 지붕은 1,220×2,440mm의
패널 10개로 구성했다. 패널의 내측은 목재마감재가
부착되어 있기 때문에 고정하면
내부 천장 부분과 처마 부분은 자연스럽게
마감이 완료된다. 패널에 내부 단열재와
상부 벤트 사이에 열반사단열재를 넣어 이중단열
효과를 높여 겨울철 결로 방지와
여름철에 확실한 단열효과를 낼 수 있는
지붕패널이다.

공장 프리캇pre-cut 자재를 이용한 농막 짓기

예를 들어 지붕패널 고정을 설명하자면 지붕패널 한 장의 폭은 1,220mm이다. 집의 폭이 5,000mm(중심선에서 중심선까지)이면 온 장으로 5장을 연결했을 때 6,100mm (패널 끝에서 끝까지 치수)가 된다. 1,100mm가 남으며 중심선에서 양쪽으로 550mm(도면 중심에서 패널 끝까지)의 처마가 된다. 처음 고정을 시작하는 부분의 용마루와 도리는 벽체 중심에서 550mm가 튀어나와 있다. 이 끝 부분을 기준으로 고정해 나가면 된다.

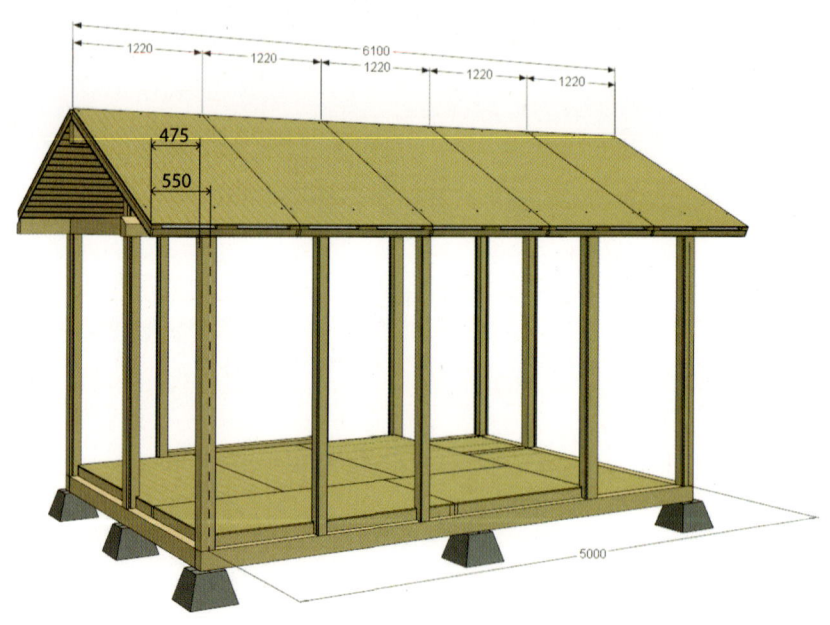

지붕패널의 구조와 구성

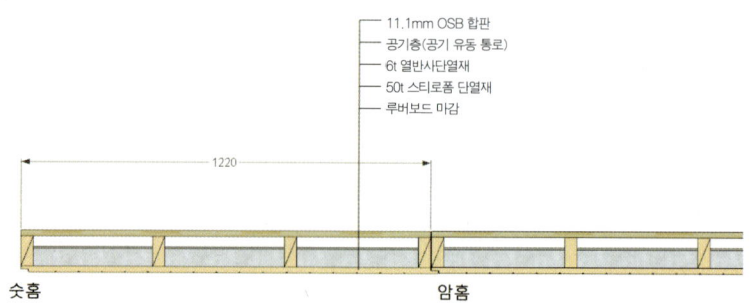

지붕패널 시공방법

01. 용마루와 도리의 끝 부분과
패널의 끝 부분을 일치시켜
미리 가공한 나사못 구멍으로 용마루와
도리 부분에 고정한다. 처음 고정 시
루버보드 숫홈의 돌출한 연결부가
집 내부 쪽에 오도록 한다.

공정 프리컷pre-cut 자재를 이용한 농막 짓기

02. 두 번째 장이 첫 장과 겹칠 때
루버보드의 이음새를 집 내부에서 보아가며
연결부위의 홈 크기가 일정하게 고정한다,

03. 마지막 다섯 번째 장은 패널의 크기보다 용마루나 도리의 길이가
조금 길게 되어 있는데 이 부분을 톱으로 잘라낸다.

04. 내부천장 완성된 모습

8.

포치
공사

농막은 연면적 20m²6평까지 가능하다. 여기에 더하여
쉽게 탈부착이 가능한 포치와 데크가 있다면 금상첨화일 것이다.
E3 DIY House는 농막에 12.5m²2.5m×5m, 약3.7평정도의
규모로 쉽게 탈·부착할 수 있는 형태의 포치를 개발하였다.
포치는 건물의 현관 또는 출입구의 바깥쪽에 튀어나와
지붕으로 덮인 부분을 말하는데, 비바람을 피하기 위한 목적
등으로 설치하며 입구를 보호하는 역할을 한다.
포치는 내부와 외부, 양방향에서 그 영역과 활동 공간을
넓혀주는 데크와 어우러져 소규모 농막에 외향적인
아름다움과 기능적으로 쓰임새가 큰 전천후 전이공간의
독특한 역할을 한다.

1) 준비물

- 패널 : 1,220×2,440mm 5개
- 기둥 : 150mm×150mm 3개
- 도리 : 150mm×150mm×6,000mm 1개
- 퇴량 : 120mm×120mm×1,500mm 2개
- 6×6용 주춧돌 : 철물 있는 것 3개
- 1.8m 수평대

2) 시공순서

01. 주춧돌 놓기

02. 기둥 세우기

03. 기둥 고정하기

04. 도리 결구

05. 본체와 퇴량 결구

06. 지붕패널 조립

3) 시공방법

01. 지붕의 기울기물매를 20%로 한다. 이 각도는 퇴량이 삽입되는 본체 기둥의
홈에 의해서 기울기가 결정된다.

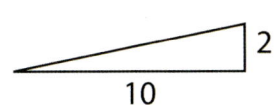

02. 땅의 높이가 일정하지 않기 때문에
본체 토대를 기준으로 수평면에
맞추어 기둥의 각각의 높이를 측정하여
기둥을 잘라 고정한다. 이 높이는
본체의 오른쪽과 왼쪽 기둥에 퇴량이 삽입된
홈을 기준으로 한다. 홈의 크기는
30×90mm이고 끼워 넣을 퇴보의 크기는
120×150mm이다. 절단해야 할
기둥의 길이는 본체기둥 홈 하단부에서
토대목 상단까지의 길이에서 30mm를 뺀
길이와 레벨기의 밑변에서 주춧돌
상부의 높이를 더한 길이로 절단한다.

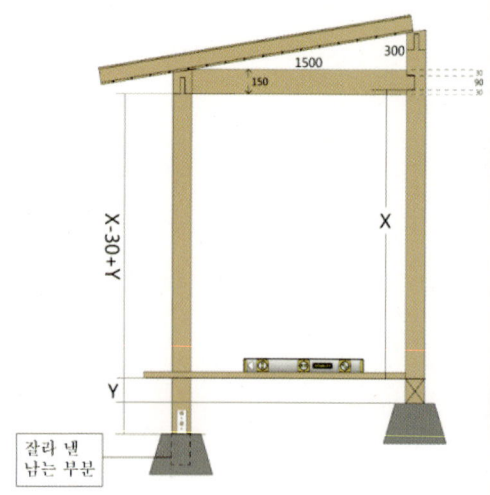

03. 퇴량의 고정은 탈부착이나 이동을 쉽게 하기 위해서는
대형 나사못으로 고정하고 반영구적으로 고정할 때는 나무못으로 고정하는 것이
좋다. 본체의 도리와 포치의 도리에 지붕패널을 나사못으로 고정하면
서로 맞물려 튼튼한 형태의 건물이 된다.

04. 마지막으로 기둥의 수직이 동서남북으로 잘 맞는지를 확인한다.

9.

내부벽체
공사

농막은 현관부, 거실과 주방, 화장실이 있는
원룸으로 구성되어 있다.
내부 기둥이나 대들보를 통해서 이미
계획되어 구획된 공간이다. 이런 공간구분을 위해
벽체의 골조는 2″×4″ 구조재를
사용하고 각 샛기둥은 시공될 합판이나
석고보드 등의 정해진 모듈에 맞춰
간격을 두고 시공한다. 내부벽체의 크기는
가로 2,400mm×2,450mm로 내부벽체에 뼈대를
세우고, 도어를 설치하고 두어락을 다는
과정을 소개하고자 한다.

1 / 내부벽체 뼈대 세우기

(1) 준비물

- 2″(38mm)×4″(90mm)×8피트(2,438mm) 9개
- 상하 플레이트 : 2,400mm 2개
- 샛기둥 : 2,450mm-(38mm×2)=2,374mm 6개
- 도어용 헤드 : 810mm 2개
- 헤드 위 패킹재 : 2,450mm-

(110mm+2,110mm+38mm+38mm)=150mm 3개

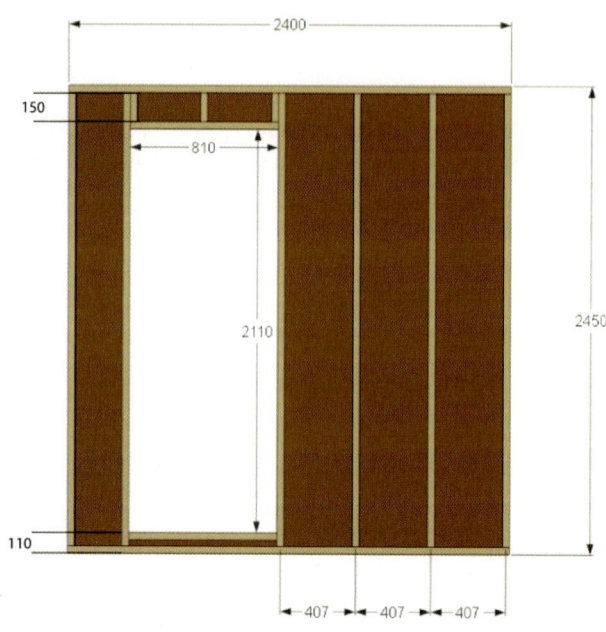

(2) 공사순서

01. 벽체 규격 측정 ⟶ **02.** 재료준비 ⟶ **03.** 부재 절단하기 ⟶ **04.** 부재 결합하기 ⟶
05. 뼈대 고정 ⟶ **06.** 석고보드 붙이기 ⟶ **07.** 도어 부착공사

(3) 공사방법

01. 부재 결합하기 : 부재는 손으로 못을 박거나 나사못을
임펙트 드라이브 등으로 서로 수직 방향으로 고정한다.
02. 뼈대의 고정 : 뼈대가 완성되면 이것을 세워 양쪽의 기둥과 대들보, 토대목에
사방으로 나사못이나 못으로 고정한다. 내부는 석고보드 마감 후
약 10mm 기둥이 남도록, 외부는 약 26mm 남도록 고정한다.

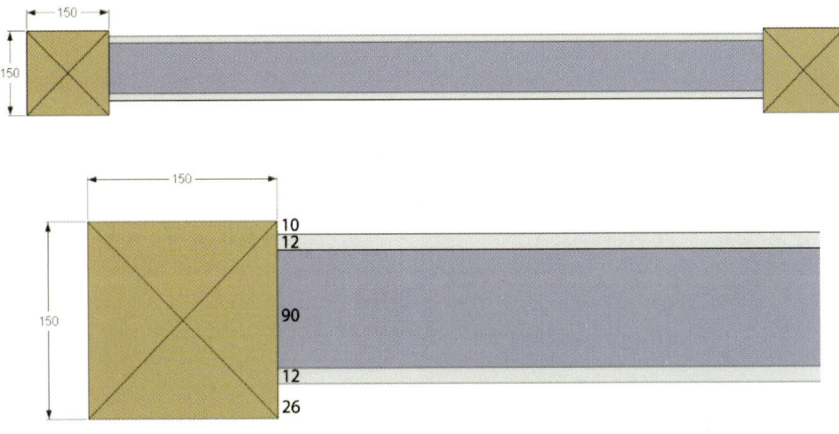

03. 석고보드 부착하기 : 벽체가 세워지면 전기배선공사를 완료한 후
석고보드공사를 한다.

2, 도어 부착

기성 ABS도어의 문틀 조립은 초보자도 전동 드라이브만 있으면
매뉴얼에 따라 고정하기 쉽게 만들어져 있다.

(1) 준비물

- 기성 ABS도어
- 문틀
- 문 손잡이 (도어락)
- 철판 자르는 가위

(2) 문틀조립

01. 문틀조립의 포인트는 문틀의 네 모퉁이가 틈 없이 완벽히
결합 돼 있느냐에 달려있다. 이것을 위하여 문틀의 높낮이와 각도가 어긋나지 않게
문틀에 끼우는 고정용 부품을 나사못으로 고정하면 된다.

사전에 나사못 구멍도
공장에서 미리 뚫려 나오기 때문에
문틀 고정이 간단하다.
제품에 붙어있는
결합 매뉴얼을 숙지하면서 고정한다.

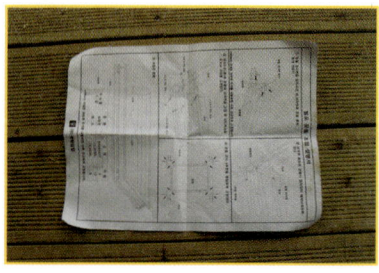

02. 철물고정

철물은 문틀의 가장자리 중간에 나사못이 옆으로 빗겨 나오거나 길이가 깊어

튀어나오지 않도록 주의해서 고정한다. 철물은 문틀의 수직 바의 상, 중, 하에 고정한다.

석고보드를 시공하기 전에 뼈대에 부착해도 되고 석고보드를 부착한 후 고정하려면

긴 고정철물을 가위로 잘라주어야 한다.

(3) 문틀 고정

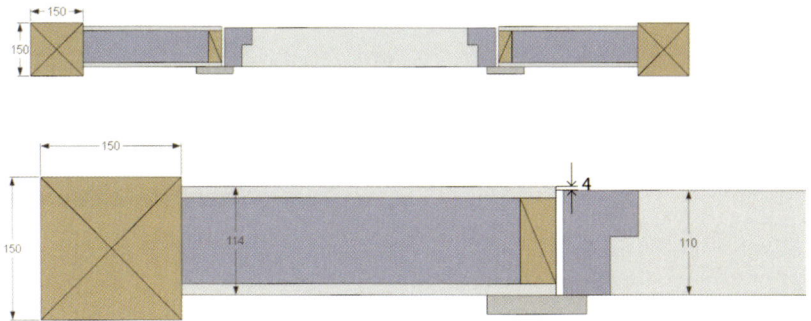

문틀 바의 폭은 110mm이다. 문틀에 고정할 벽체는 약 114mm이므로

일치하지 않는다. 이때는 방 쪽은 몰딩을 부착하여 마무리해야 하므로 고정할 때

석고보드와 문틀의 면을 일치시켜 고정한다. 그래야 문 몰딩이

문틀에 빈틈없이 부착된다.

가. 문틀 고정 순서

01. 하부 수평잡기 → **02.** 수직바 수직잡기 → **03.** 철물 고정하기

나. 문틀 고정 방법

01. 하부 수평잡기 : 문틀의 수평과 수직이
정확히 잡혀 있어야 문을 달고 난 뒤 정상적인
작동이 된다. 먼저 짧은 수평대를
하부 바에 놓고 수평이 맞는지 살펴본다.
수평이 맞지 않으면 쐐기를 박아
낮은 부분을 올린다.

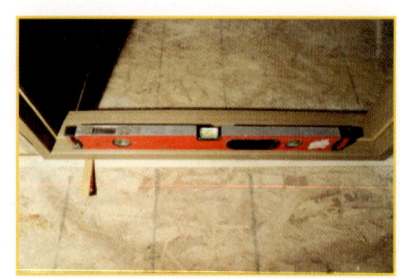

02. 수직 문틀 수직잡기 : 수직 문틀의 수직은
수평대를 수직으로 하고 물방울이
중간에 있으면 수직이다. 그렇지 않으면
좌·우측에서 쐐기를 박아 수직을 조절한다.
문틀의 상부에 박을수록 좋다.

03. 나사못으로 철물을 고정한다.

(4) 문짝 설치

가. Easy정첩 붙이기
Easy정첩제품 브랜드은 말 그대로
부착하기 쉬운 정첩이다.

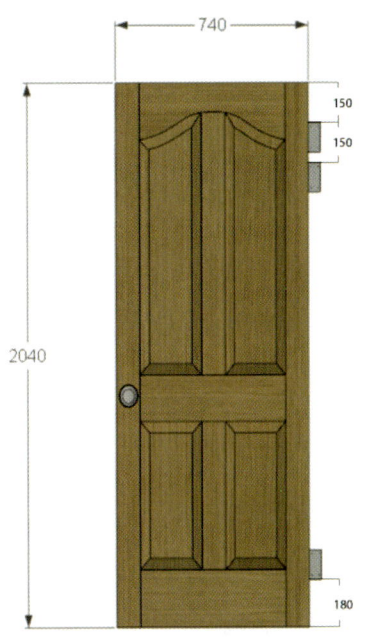

01. 정첩에서 튀어나온 부분이 있어 그것을 문틀에 대고 끝단에서
중심부까지 280~300mm에 하나를 고정하고 상부에 150mm를 남겨두고 하나 더
고정하여 상부는 2개를 고정한다.

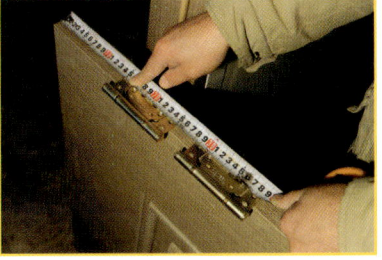

02. 하부는 밑변에서 180mm를 남겨두고 고정한다.

나. 문짝 고정하기

문짝을 문틀에 고정하기 전에 종이나
단단한 물건을 약 5mm의 두께로 만들어
정첩을 달고자 하는 수직 문틀 밑에 놓는다.
그 위에 문짝을 놓고 Easy정첩을
수직 문틀에 부착한다.

(5) 도어락 설치

문짝이 틈새가 없이 고정이 제대로 된 것을 확인한 후 도어락을 설치한다.

가. 도어락 설치 순서

01. 중심 쇠뭉치 고정

02. 안쪽, 바깥쪽 손잡이를 맞추면서 고정하기

03. 걸이쇠 고정

나. 도어락 설치 방법

01. 중심 쇠뭉치를 고정할 때에는 튀어나온 부분의 방향을 잘 보고 고정한다.

02. 문손잡이는 눌러서 잠금장치가 되는 쇠막대기가 안쪽에 있어야 한다.

03. 걸이쇠를 고정하면 문틀의 설치가 완료된다.

공정 프리컷pre-cut 자재를 이용한 농막 짓기

10.

석고보드
공사

석고보드는 주원료인 소석고에 혼화제를 넣고
물로 반죽하여 두 장의 시트 사이에 부어서 판상板狀으로
굳힌 것이다. 시공이 간편하여 공기를 단축할 수 있고
가벼워서 건물 구조비가 절감된다. 목조주택, 콘크리트 구조의
단독주택, 아파트든 세계 어느 곳에나 주택 내부의
마감재로 사용한다. 석고보드는 벽지나 규조토와 같은
미장을 원하면 바탕재로 필요하고, 얇은
원목 판재를 붙일 때도 그 위에 시공하는 것이 단열,
방화효과를 높이는 장점이 된다.

1) 준비물

(1) 도구 : 커터나이프, 석고보드용 줄, 줄자,

연필, T자직각으로 끊기에 용이,

직선자곧은 막대기나 직선의 석고보드 조각으로 대치 가능

(2) 자재 : 12.5mm×4자×8자

두께 12.5mm×가로 1,220mm×세로 2,440mm

임페리얼 석고보드 21장, 석고보드용 비스

2) 석고보드의 기초사항

01. 석고보드의 종류
- 두께 9.5mm의 3자×6자 1장에 약 3,500원
- 두께 12.5mm의 4자×8자 1장에 약 9,000원

02. 보통 9.5mm 석고보드는 두 겹을 붙이고 12.5mm는 한 겹을 붙인다.

03. 원목루버를 붙이는 때는 9.5mm 석고보드를 붙이고
그 위에 원목루버를 시공한다.

04. 석고보드작업은 사용할 분량을 잘못 계산하여 남는다든지
자르고 남은 잔 조각이 너무 많으면 폐기물이 많아지므로
붙이기 전에 어떤 크기로 재단하여 붙일 것인지를 신중히 고려하여
남는 자재를 최소화한다.

05. 석고보드는 커터나이프로 힘을 주어 몇 번 눌러 자르면
간단히 절단된다.

06. 초보자는 취급할 때 손에 때가 타므로
실장갑을 착용하고 작업에 임하도록 한다.

3) 석고보드를 자르는 방법

예를 들어 가로 515mm, 세로 2,425mm의 크기로
석고보드를 자르는 요령을 소개한다.

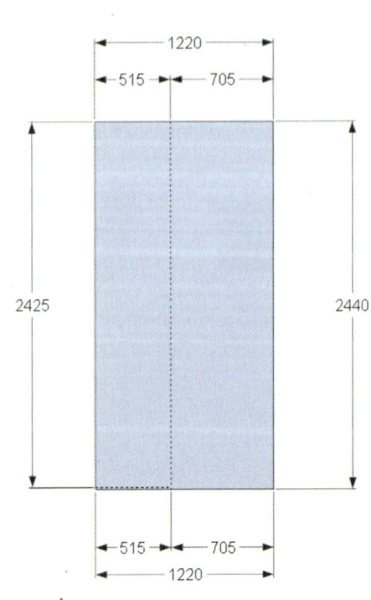

내 손으로 짓는 내 집

01. 줄자를 석고보드 한쪽 끝에 걸고 약 515mm에 아래와 위를 표시한다.

02. 석고보드 조각을 표시한 곳에 대고 오른쪽 무릎으로 눌러 고정한 다음에
힘을 주면서 칼질을 한 번에 석고보드의 종이만 자르는 느낌으로 칼질을 한다.

03. 석고보드를 뒤집어서 잘라낼 부분을 누르고 나머지를 들면
석고보드는 자연스럽게 일자로 부러진다.

04. 석고보드 뒷면의 종이를 칼로 자르기만 해서 정확히 석고보드가 재단이 된다.

05. 종이만 잘랐기 때문에 절단부의 석고 덩어리가 울퉁불퉁한 부분은 줄로 깎아서 깨끗하게 정리한다.

06. 전동드라이버를 이용하여 석고보드용 나사못으로 샛기둥에 고정한다. 또한, 샛기둥에 2장의 석고보드가 겹쳐지게 치수의 계산을 정확하게 한다.

내 손으로 짓는 내집

07. 전동드라이버를 이용하여
30mm 석고보드용 나사못으로 상하 400mm
간격으로 석고보드를 고정한다.

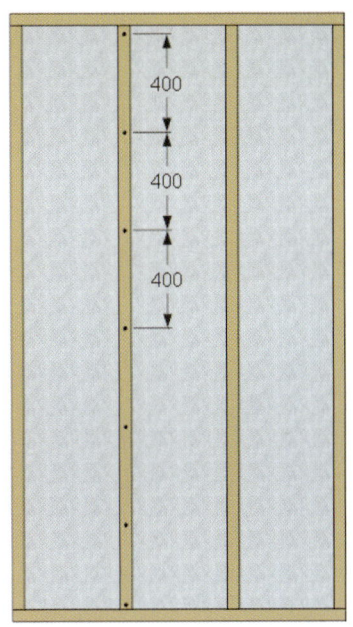

08. 이음새가 맞지 않을 때는 샛기둥 옆에 기둥을 보강하여 나사못에 석고보드가 깨지
지 않도록 한다.

11.

—

지붕마감
공사

지붕과 패널공사가 끝나고 나면
방수시트 작업을 하고 지붕마감공사를 해야 한다.
농막의 지붕마감공사는 방수시트 깔기,
풍판 붙이기, 후레싱 작업과 온두빌라지붕 마감재 브랜드명로
지붕공사를 계획했다. 아스팔트와 펄프의
혼합물 재질인 온두빌라는 뛰어난 입체감이 있는
골 구조의 스페니쉬 기와풍이다.
경량자재라서 지붕에 하중을 주지 않고,
깨지거나 부서지지 않고,
절단과 시공이 쉬운 지붕 자재이다.

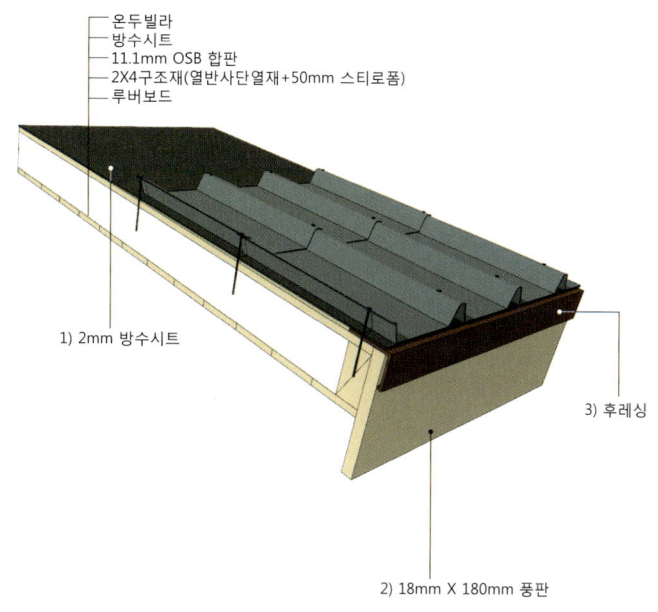

─ 온두빌라
─ 방수시트
─ 11.1mm OSB 합판
─ 2X4구조재(열반사단열재+50mm 스티로폼)
─ 루버보드

1) 2mm 방수시트

3) 후레싱

2) 18mm X 180mm 풍판

1 / 방수시트 공사

방수시트는 아스팔트와 부직포로
이루어진 제품으로 1롤 당 폭이 1m,
길이가 10m로 10m²(3평) 면적의
시공이 가능하다.

아튼 방수시트2T(슁글용)부직포

방수시트는 합판과 접착하는 부분은 타르로 되어 있다. 지붕의 하단부부터
깔기 시작하는데 깔고 난 후 밑 부분에 있는 비닐을 떼어 스테이플로
가볍게 고정해 주면 된다. 겹쳐지는 부분은 상하가 타르로 되어 있어 여름철에
열을 받으면 한 덩어리가 되어 빗물이 역류하는 것을 막아준다.
절단할 때는 커트나이프로 자른다.

2, 풍판 붙이기

풍판은 처마의 가장자리에 붙이는 몰딩재로 서양에는 페이샤라고 한다.
여기에는 물과 습기에 쉽게 부패하지 않는 웨스턴시다 제품을 쓰는데 두께는
18mm이고 폭은 180mm이다. 이 제품을 지붕 구조용 합판 윗부분에 맞추어
나사못이나 못으로 고정한다.

OSB합판

12T 루버보드

2X4 구조재

후레싱

18mm X 180mm 풍판

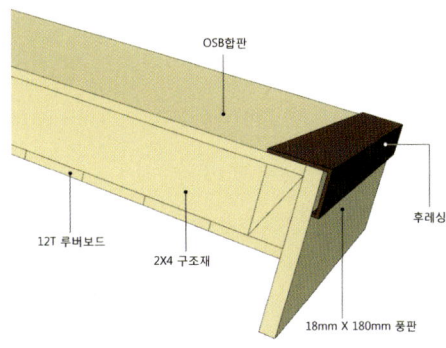

3/ 후레싱 붙이기

후레싱은 아스팔트슁글용 후레싱과 온두빌라용 후레싱의 형상과 크기가
조금씩 다르지만 시공하는 방법은 비슷하다. 온두빌라용 후레싱은
철판에 코팅한 갈바륨으로 되어 있다. 양철을 자르는 가위로 자르면 쉽게 잘린다.
풍판에 대고 짧은 나사못으로 고정한다. 시공순서는 후레싱을 붙이고
방수시트를 시공하는 것이 맞다. 물받이를 시공할 부분은 후레싱을 붙이지 않는다.
풍판이 수평으로 된 부분에 물받이를 시공한다.

4/ 온두빌라Onduvilla 시공하기

재질로 보면 온두빌라는 아스팔트슁글과 기와 중간 정도로
기능적이며 미관상으로도 아름답다. 무엇보다 시공이 간단하여 초보자가
시공하기 좋은 제품이다. 자를 때는 커터나이프나 휴대용 그라인더를
이용하면 쉽게 잘린다.

(1) 제품 제원

- 재질 : 아스팔트와 천연펄프의 혼합물
- 크기 : 1,060mm×400mm
- 무게 : 1.27kg/장, 4kg/m^2
- 두께 : 3mm

(2) 부속자재

용마루, 안전못

(3) 시공방법

01. 지붕의 합판 위에 횡으로 320mm 간격으로 일정하게 먹줄을 친다.
먹줄에 맞추어 나사못으로 임시고정을 한다. 약 80mm 겹쳐서 전체를 임시 시공한다.

02. 캡이 있는 전용 나사못으로
고정하고 마지막에 캡을 눌러주면
장착이 된다.

03. 한 줄은 안쪽에
한 줄은 튀어 오른 골의 정중앙에
캡이 있는 나사못으로 고정한다.

04. 용마루는 처마에서
흡입되는 공기를 뿜어줄 구멍을 확인하고
용마루 전용 부속자재를
약 50mm씩 겹쳐가며 나사못으로
양쪽에 고정한다.

데크
공사

construction

and

wood

DIY

deck
tion
목 공
work
및
diy

1.

데크
공사

데크는 우리 전통한옥의 대청마루와 같은
역할을 하는 곳으로 주택 내부의 생활공간과
자연의 외부공간을 연결해주는 독립된
전이공간이다. 데크는 보다 자연과
가깝게 해주고 심리적 안정감을 가져다주는
곳으로 목조주택의 꽃이라 불릴 만큼
어떻게 틀을 짜고 모양을 잡느냐에 따라서
건물의 분위기가 바뀐다.

데크는 비바람을 맞고 야외에 노출되기 때문에 목재가 부패하는 것을 막기 위해 나무의 심재까지 방부액을 주입한 목재를 사용한다. 이 방부목이 건강을 해친다는 이유로 자연방부목을 사용하기도 하는데 일반 방부목보다 가격이 더 비싸다. 배를 만드는 웨스턴 시다나 삼나무 방킬라이 같은 남양재를 많이 사용하기도 하는데 방부액을 주입한 것이나 자연방부목 둘 다 자외선을 방지하고 수분차단 역할을 하는 오일스테인을 구석구석 발라 주어야 한다. 원칙적으로 1년에 한 번씩 칠해주어야 하지만, 현재 오일스테인을 보호해주는 코팅재가 있어 4~5년에 한 번 칠해도 되는 공법도 있다. 시공순서에 따라 가로 5m×세로 1.5m의 데크를 설치해 보자.

1/ 준비물

● 도구 : 1_스피드 스퀘어, 2_전동 회전톱,
3_망치, 4_연필, 5_64mm 나사못 1박스, 6_줄자,
7_분필먹통, 8_ 임펙트 드라이브

● 자재 : 바탕용 방부목 2″×6″×12자 17개,
상판재 21mm×120mm×12자 25개,
옆 마구리판 2″×8″×14자 2개

2/ 시공순서

01. 기준선 먹물치기 → **02.** 기준선에 맞춘 수평잡기 → **03.** 치수재기 →
04. 바탕틀 짜기 → **05.** 틀의 조립 → **06.** 바탕틀 고정하기 →
07. 옆 마구리판 고정하기 → **08.** 상판 깔기 → **09.** 계단공사

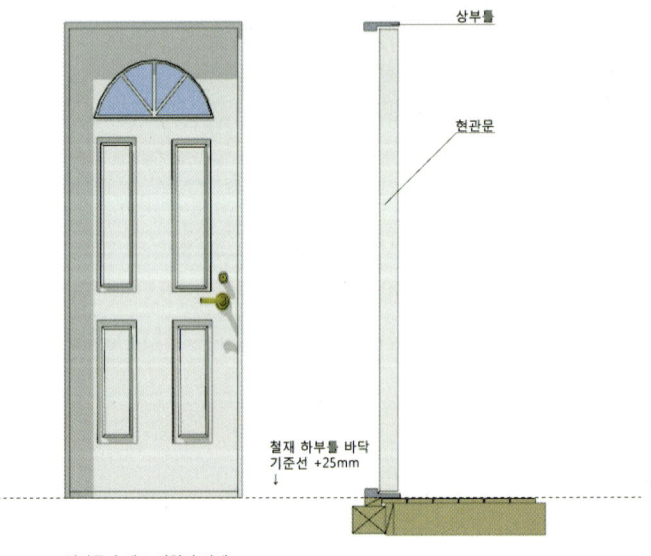

상부틀

현관문

철재 하부틀 바닥
기준선 +25mm
↓

현관문과 데크 위치의 상세

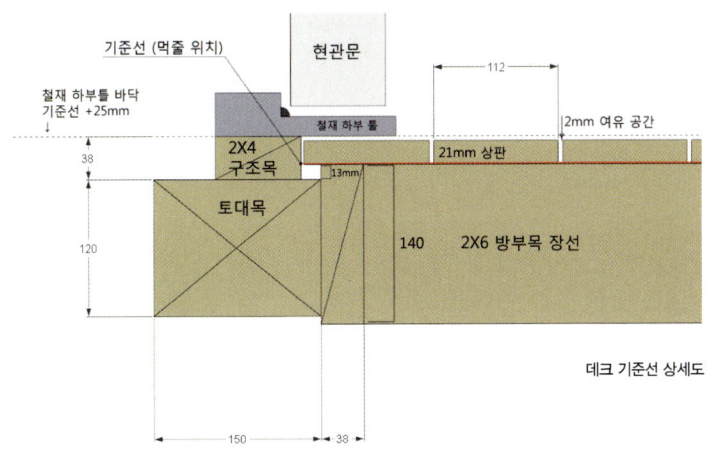

기준선 (먹줄 위치)

현관문

철재 하부틀 바닥
기준선 +25mm

112

2mm 여유 공간

철재 하부 틀

2X4
구조목

21mm 상판

38

13mm

토대목

140 2X6 방부목 장선

120

데크 기준선 상세도

150 38

3／ 시공방법

(1) 기준선 먹물치기

기준선은 상판의 밑부분 즉 바탕틀의 상부인데 현관문의 전체 문을
하단선보다 약 25mm 정도 내린다. 토대목 상부에서 건물 좌·우측에서 13mm 상부
지점에 연필로 표시하여 먹을 친다. 이 기준선이 바탕틀을 고정할 기준선이 된다.

(2) 기준선에 맞춘 수평잡기

건물 본체의 기준선에 맞추어 기둥에도 수평을 표시해야 한다. 이때에는
수평을 측정해야 할 기둥이 그다지 멀지 않기 때문에 수평대를 이용하여 수평을
측정한다. 수평대의 기포가 유리관의 정중앙에 올 때 수평이 제일 정확하다.
이때 수평대 상부의 기둥에 연필로 표시하면 수평 지점을 찾게 되는 것이다.

(3) 치수재기

- 틀1. 1,500×1,800mm
- 틀2. 2,000×2,900mm
- 틀3. 계단용 사다리 형태 2개: 260×1,800mm(상부), 520×1,800mm(하부)

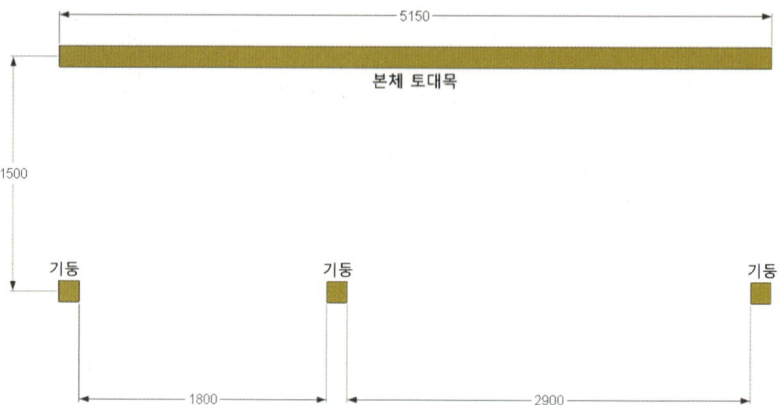

(4) 바탕틀 짜기

01. 틀1의 재단: 2″×6″×3,600mm짜리 방부목으로 가로 부재 1,800mm짜리 2개
세로 부재 1,500mm-(38mm×2)=1,424mm 6개 (1,800mm÷407mm+1=5.42)

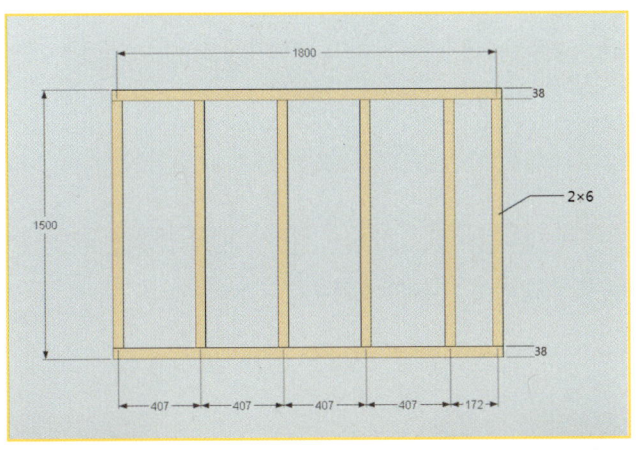

 Tip!

● 바닥의 울렁거림을 방지하기 위해서
장선의 간격이 16인치(407mm)를 넘으면 안 된다.

02. 틀2의 재단 : 틀1의 재단과 같이 가로 부재 2,900mm짜리 2개

세로 부재 2,000mm-(38mm×2)=1,924mm 8개 (2,900mm÷407mm+1=8.13)

03. 틀3의 재단 : 가로 부재 1,800mm 2개, 세로 부재 260mm-(38mm×2)=184mm 4개

가로 부재 1,800mm 2개, 세로 부재 520mm-(38mm×2)=444mm 4개

틀3의 설치순서

틀3의 상세도면

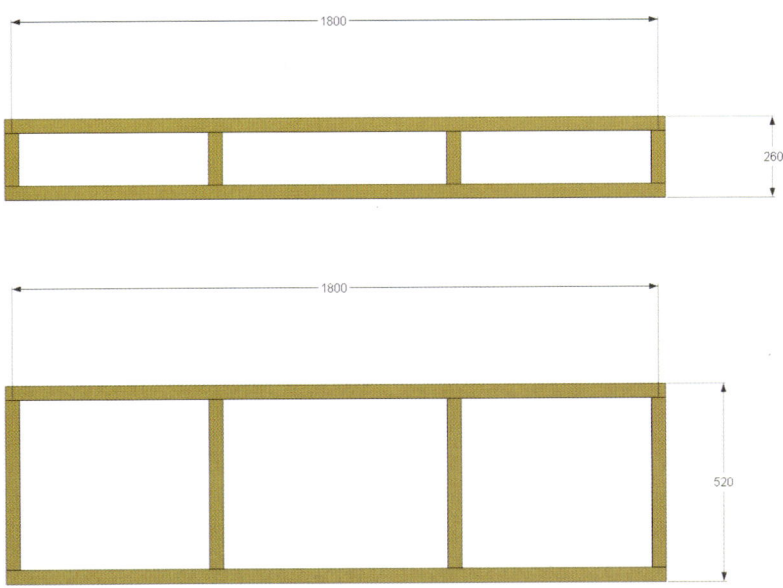

(5) 틀의 조립

틀1, 틀2, 틀3의 재단이 완료되면 가로 부재에
고정하여 위치를 연필로 삼각스케일을
이용하여 표시 후 나사못이나 못으로 부재를
직각 방향으로 고정한다.

이때 주의해야 할 점은 장선의 간격이
16인치407mm를 넘으면 안 된다. 망치나
드라이브로 못이나 나사못을 고정할 시에는
미리 가로 부재에 나사못이나 못을
고정하여 두면 부재를 결합할 때 높이가
어긋나지 않게 하는데 쉽다.

조립 시 제일 중요한 것은 바탕면 상부의 가로 부재와 세로 부재의 높이 차이를 없게 하는 것이다. 만약 높이 차이가 생기면 상판과 바탕 사이에 틈이 생겨 상판의 울렁거림을 유발할 수 있기 때문이다. 결합요령은 바닥에 평평한 물건을 놓고 서로 눌러서 둘 다 동시에 바닥에 닿게 하면서 못을 고정한다.

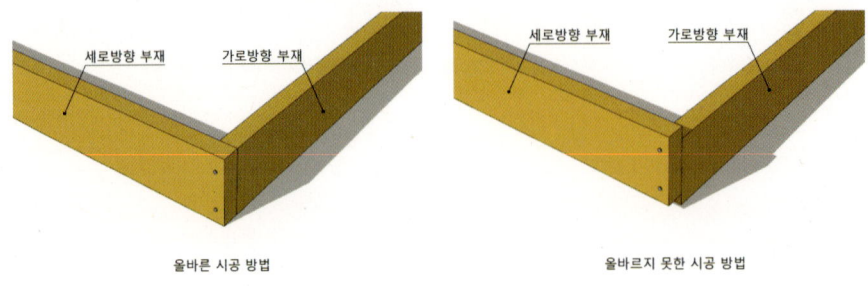

올바른 시공 방법   올바르지 못한 시공 방법

(6) 바탕틀 고정하기

바탕틀 상부를 기준선에 맞추어 나사못이나 못으로 고정한다.
이때 틀의 수평이 맞는지 맞지 않는지를 부위에 수평대를 놓고 확인한다.

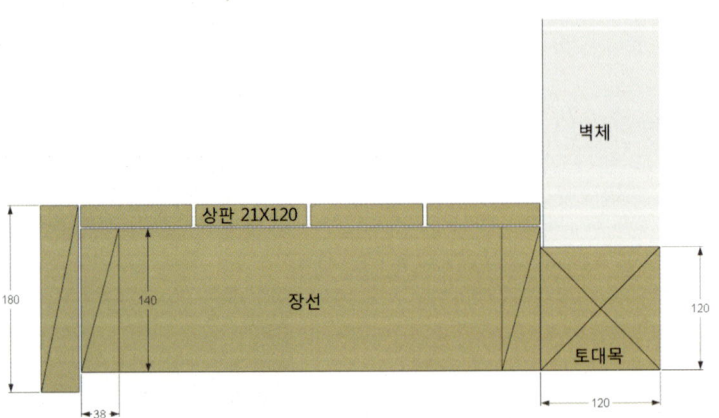

(7) 옆 마구리판 고정하기

옆 마구리판 고정은 부재의 휨강도를 보강하는
한편 외관상 튼튼해 보이는 장점도 있다.
상판의 상부와 마구리판 상부가 고저 차가
없도록 상판을 옆에 대고 높이를 맞추면서
고정한다.

(8) 상판 깔기

가. 준비물
- 도구 : 임펙트 드라이브, 끌, 빠루, 망치
- 자재 : 21mm×120mm×12자 25개
- 부자재 : 아연도금 나사못 45mm 1봉지

Tip!

상판 자재 산출하는 방법
21mm×120mm×12자_{두께×가로×길이} 한 장을 기준으로 면적이 0.12m×3.6m=0.432m²이다.
시공하고자 하는 면적이 약 10m²이면 시공면적 10m²÷0.432m²_{한 장의 면적}=약 23장 _{소요되는 상판 장수}
으로 여기에 손실률 10%를 더하면 25장이 소요된다.

나. 시공요령

01. 상판을 3,600mm와 1,400mm 두 가지 길이로 절단하여 지그재그로 상판의 폭을 균일하게 하는 것이 포인트다. 상판 1장에 나사못은 반드시 2개를 써서 고정한다.

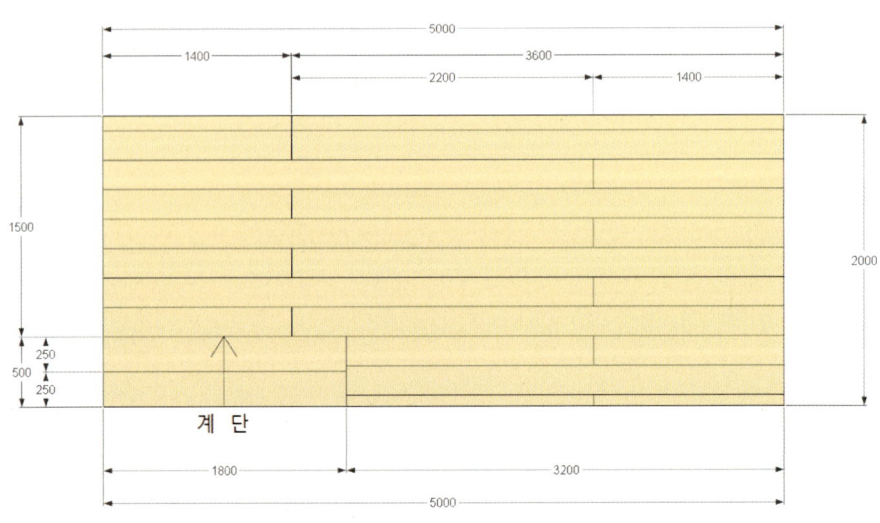

계 단

02. 상판이 심하게 휘어진 것이 있다.
이럴 때는 한쪽을 나사못으로 고정하고
끌이나 빠루로 지렛대의 원리로 밀어
고정하면 반듯하게 고정된다.

03. 나사못을 고정할 때는 하부의 장선이 보이지 않으므로 분필 먹으로
표시해놓고 나사못을 고정하면 나사못 고정라인이 정갈하고 나사못이 어중간히
고정되는 하자가 없다.

(9) 계단공사

계단공사는 간단히 사다리형태의 틀을 2개 짜서 2단으로 놓고 그 위에
상판을 얹으면 된다. 땅에서 상부 상판까지 평균 높이를 Xcm로 잡아 15cm로 나누면
계단의 단수가 된다. 2단일 경우 사다리꼴 틀을 1개 짜서 2번째 상부에 고정하고,
3단일 경우 사다리꼴 틀을 2개 짜서 3번째 상부에 고정한다.

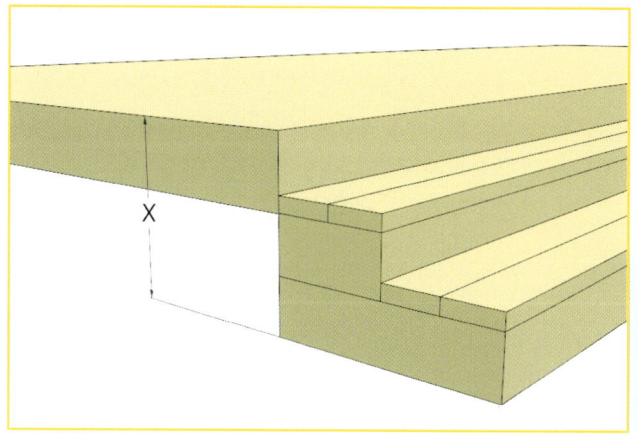

데크공사 및 목공 DIY

2.

테이블
만들기

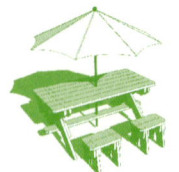

데크를 시공하고 난 후 야외공간에 없어서는
안 될 물건이 야외용 테이블이다.
따뜻한 볕 아래에서 보내는 시간이 점점 늘어가는
봄부터 가을까지 아주 유용하게 사용되는
제품이다. 손님이 방문했을 때 차를 마시면서
담소를 나누고 친구나 친지들이 방문하여
야외 바비큐라도 하려면 없어서는 안 될
전원주택의 필수품이다.

준비물

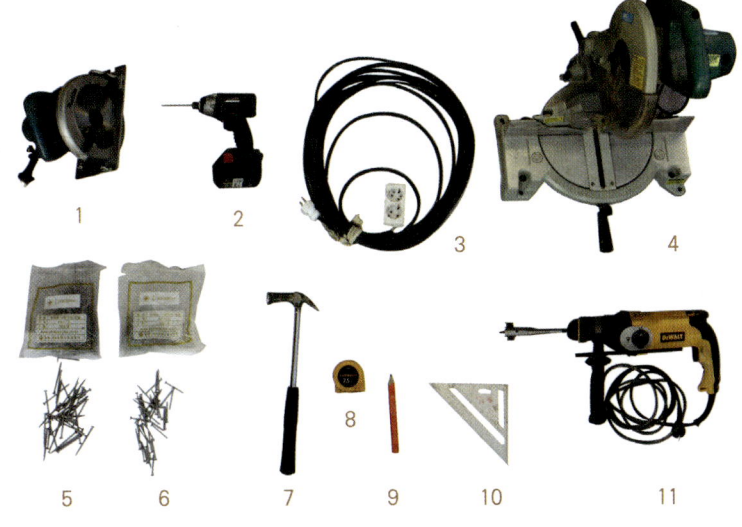

1 2 3 4
5 6 7 8 9 10 11

- 도구 : 1_원형톱 2_충전드릴 3_멀티 콘센트 4_각도절단기 7_망치 8_줄자 9_연필
10_스피드 스퀘어 11_구멍 뚫는 전동드릴
- 자재 : 방부목 2″×6″×12피트두께 38mm×가로 142mm×세로 3,665mm 9개
- 부자재 : 5_75mm 아연도금 나사못, 6_50mm 아연도금 나사못, 오일스테인 3.5L

1/ 의자 일체형 테이블 만들기

01. 완성된 의자 일체형 테이블.

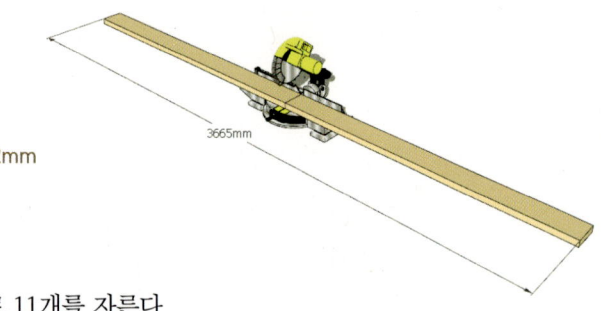

02. 2″×6″×12피트 방부목을
반으로 자른다. 3,665mm÷2=1,832mm

03. 1,832mm를 1,825mm 크기로 11개를 자른다.
(상판용 6개, 의자용 4개, 파라솔 지지용 1개)

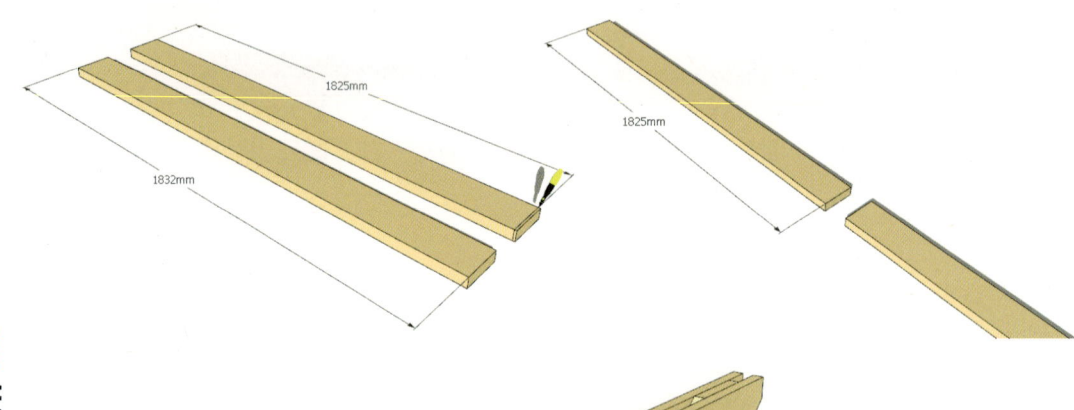

내 손으로 짓는 내 집

04. 먼저, 테이블 다리를 만든다.

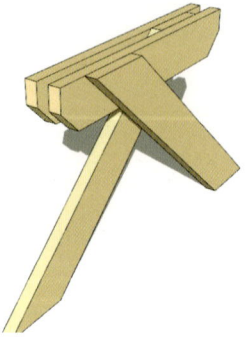

05. 상판 받침대를 만들기 위하여 미리 재단한 방부목 6개를 나란히 붙여 실측한다.
길이는 852mm이다.

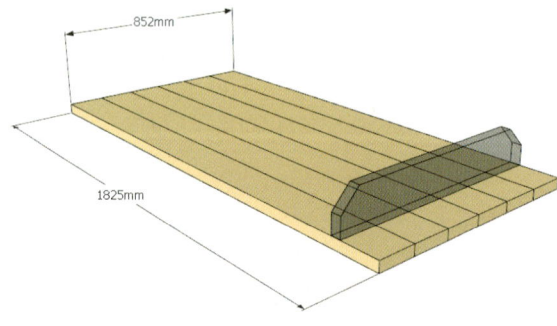

06. 2″×6″×12피트 방부목
3,665mm를 852mm의 크기로
네 등분하고 자른다. 변의 모서리를
70mm씩으로 하고 각을 잘라준다.
많은 수량의 각도 절단은 각도절단기로
2개씩 절단하는 것이 편리하다.

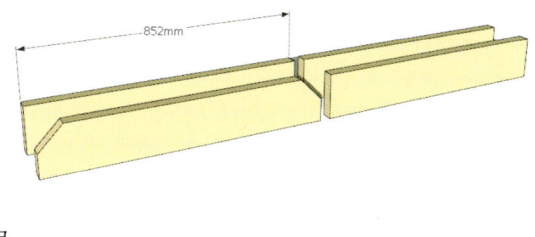

07. 테이블 다리를 재단한다.
사선으로 엇갈리는
다리이므로 157mm
내각 42°를 측정한 수치 지점을
사선으로 절단한다.

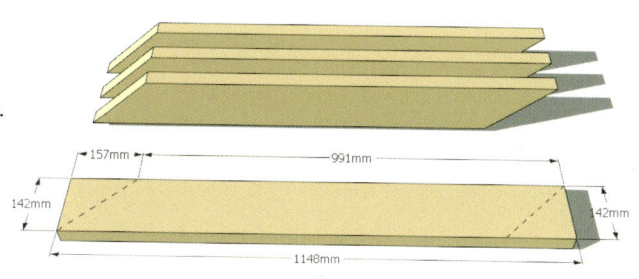

08. 상판 받침대 100mm 지점에
다리를 고정한다.

09. 75mm 나사못을 충전드릴로
상판 받침대와 고정한다.
상판 받침대의 윗면과 다리의 윗면이
뒤틀리지 않도록 주의한다.

10. 뒷면 다리도
같은 방식으로 고정한다.

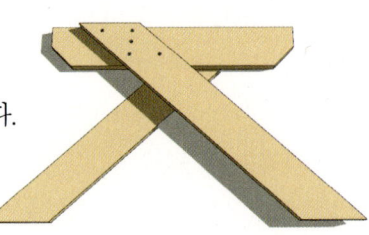

11. 상판 받침대를 덧대어 고정한다.
이와 같이 다리를 1개 더 만든다.

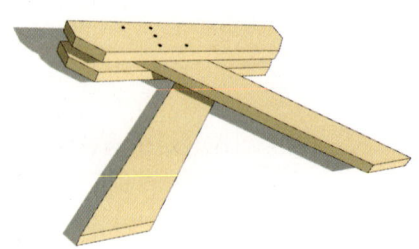

12. 상판에 150mm를 기준으로 하여 표시한다. 이 기준선이 다리를 고정할 선이다.
먹통이 있으면 먹선으로 표기하는 것이 효과적이다. 현재 상판은 아랫부분이므로
방부목의 온전한 면은 밑을 향하도록 한다.

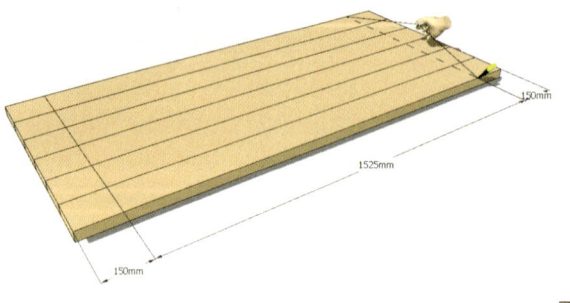

13. 앞서 그어놓은
먹선에 맞추어 다리를 상판에
올리도록 한다.

14. 상판과 다리를 결합한다.

15. 상판과 다리의 결합을 할 때
75mm 못이 받침대와 상판이 충분히
고정될 수 있도록 박아준다.
상판 반대 표면에 나사가 튀어나오지
않도록 주의한다.

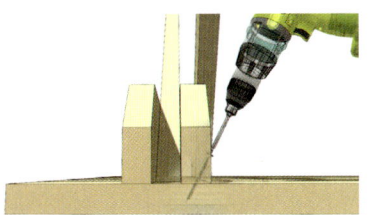

16. 상판에 다리가 고정된 모습.

17. 상판을 돌린다.

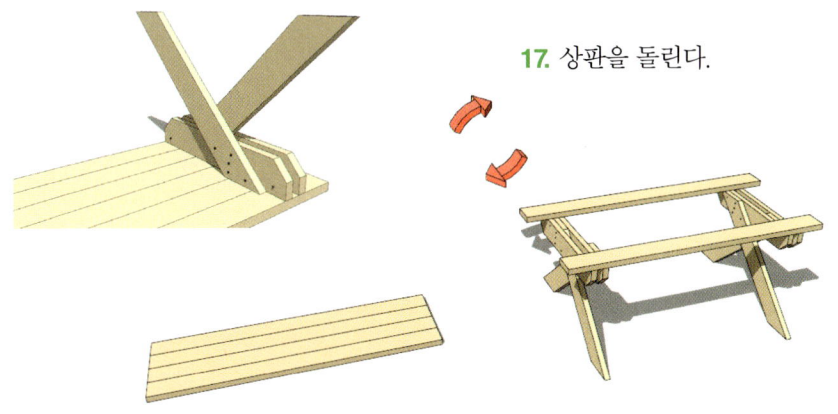

18. 고정되지 않은 상판을 마저 올리고 받침대의 중심선을 맞추어 상판에
먹선을 그어준다.

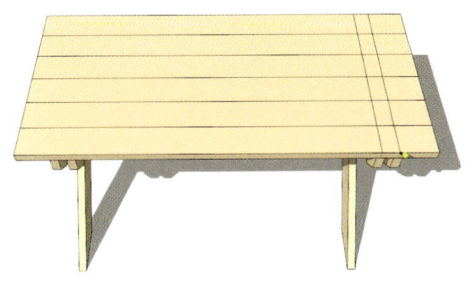

19. 먹선에 맞추어 상판을
나사로 고정한다. 각 상판의 끝 면이
뒤틀리지 않도록 주의한다.

20. 단단히 고정 후 다시 돌린다.

21. 1,728mm 의자 받침대를
설치하여야 한다. 상판으로부터
300mm가 띄워져야 하며
받침대 양쪽의 길이 분배가
고루 되도록 중심선을
잘 맞추도록 한다.

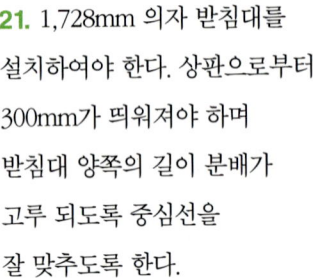

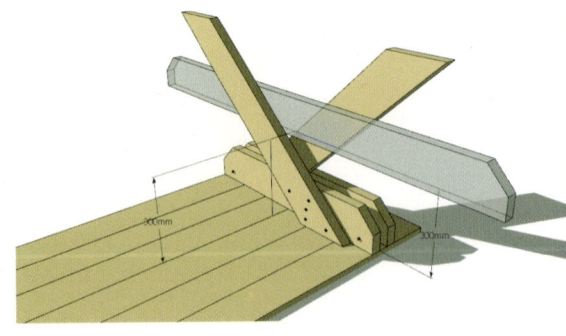

22. 의자 받침대를
고정한다. 미관상 안쪽 부분에
나사못을 조여준다.

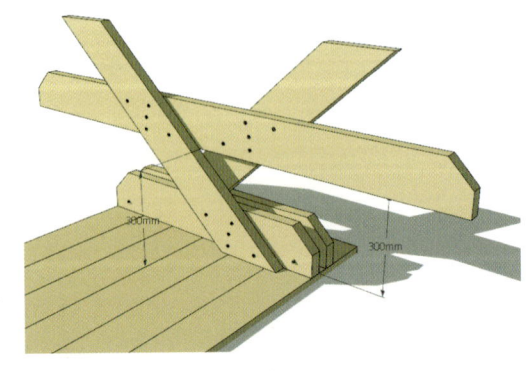

23. 의자 받침대를 두 곳
모두 고정하고 나서
재단한 파라솔 지지판을
설치해야 한다. 상하 좌우로
중심선을 잘 맞추도록 한다.

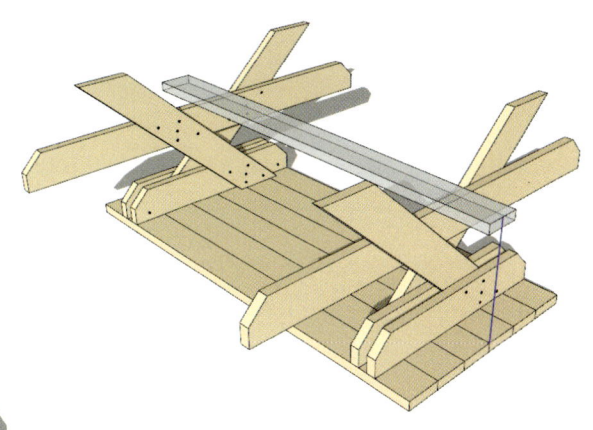

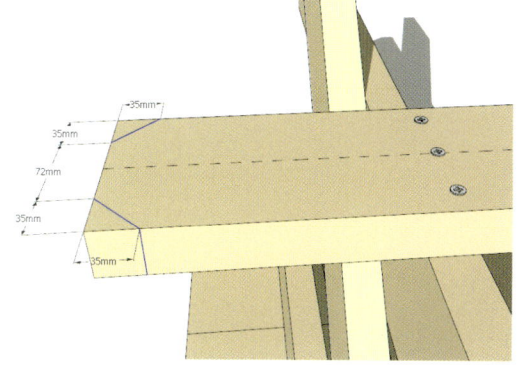

24. 나사로 고정한 후
양쪽 모서리 35mm 지점의
대각선을 표시한다.

25. 부재를 각개 절단할 시에는
원형톱을 사용한다.

데크공사 및 목공 DIY

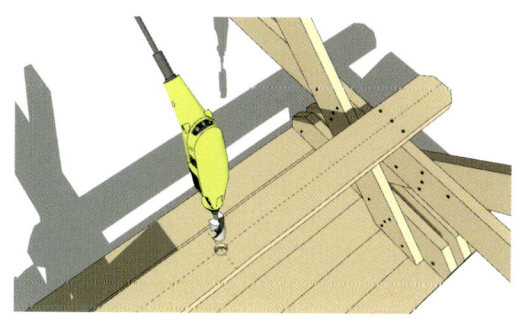

26. 모서리 절단 후 구멍 뚫는
드릴로 부재의 중심에
파라솔 파이프 구멍을 뚫어준다.

27. 다시 뒤집어서
파라솔 지지판과 구멍과
수직이 되도록 상판
구멍을 뚫어준다.

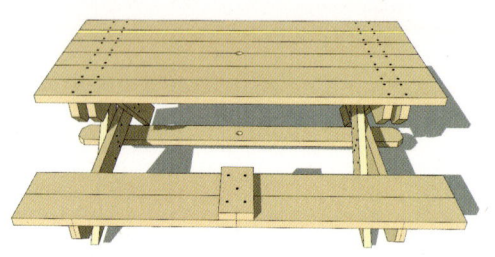

28. 앞서 재단한 의자용
상판을 놓고 중심선을 맞추어
의자 고정판을 덧댄다.
현재 의자용 상판은 아랫면이므로
양호하지 않은 면을 위로 한다.

29. 의자용 상판을 뒤집어
의자 받침대의 중심선에 맞추어
나사못으로 고정한다.

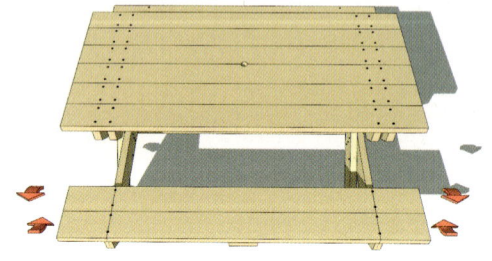

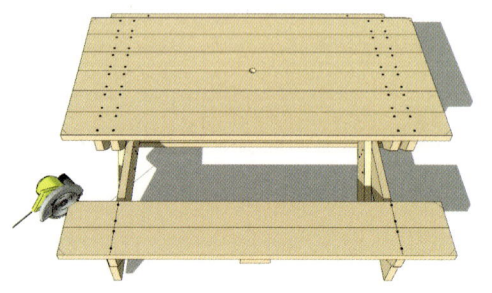

30. 각 모서리 35mm
지점의 대각선을 절단하여
모가 없도록 한다.

31. 의자 지지용 목재약 360mm를 덧댄다. 목재용 오일스테인을 빈틈없이
고루 칠해준다.

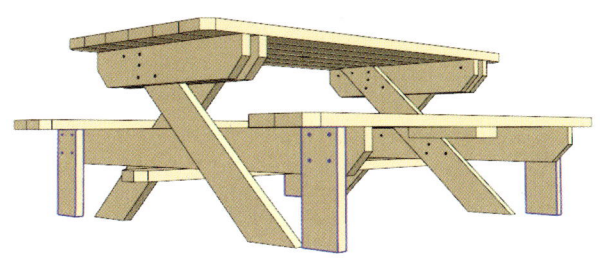

32. 완성된 모습. 파라솔을 꽂는다.

2/ 의자 분리형 테이블 만들기

의자 분리형 야외용 테이블은 의자 일체형 야외용 테이블과 의자의
분리 여부의 차이므로 '의자 일체형 야외용 테이블'과 공정이 거의 비슷하다.
의자 제작 부분만 설명하도록 한다.

01. 의자 깔판용으로
2″×4″ 방부목을
500mm 크기로 2개 재단한다.

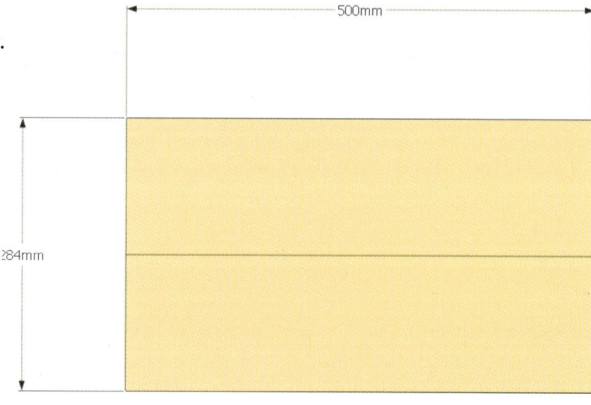

02. 의자 다리용으로
2″×4″ 방부목을
370mm 크기로 4개 재단한다.
25mm의 사선내각 10°를 계산한 길이을
그어주고 선을 따라 재단한다.

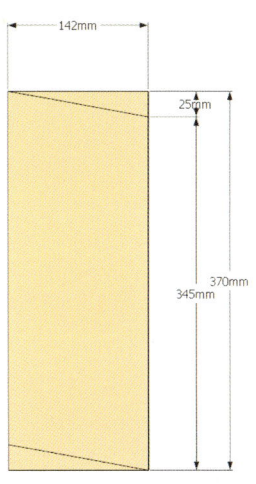

03. 의자 지지용
방부목을 그림의 치수와 같이
4개를 재단한다.

04. 다리와
지지용 방부목을 나사못으로
고정한다.

05. 한 겹 덧대준다.

06. 앞서 재단해 둔 의자 깔판용
방부목을 대고 끝에서 35mm 지점에
다리를 고정해 준다.
35mm×35mm의 직각삼각형으로
모퉁이를 절단해준다.

07. '의자 일체형 테이블 만들기' 공정에서 의자 받침대 부분이
테이블 다리 지지용을 대신한다.

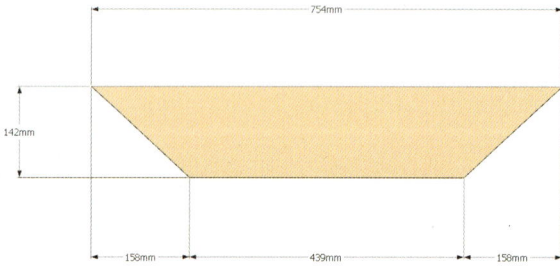

08. 재단이 어려우면
방부목을 대고 먹선을 그어
먹선을 따라 재단한다.

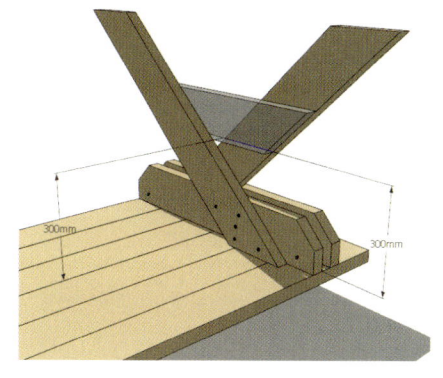

09. 미관상 안쪽 부분만
나사못으로 조이도록 한다.
나머지 공정은
'의자 일체형 테이블 만들기'의
모든 공정이 같다.

10. 완성.
앞서 만들어 놓은
의자를 배치한다.

낙엽으로 접는 낙엽

3.

신발장
만들기

신발장 만들기를 통해서 가구 만들기의
기본을 탄탄히 익혀 놓으면 책상, 의자, 욕실의 수건장,
수납장 등 만들 수 있는 가구의 종류는
이루 말할 수 없이 많다. 사시사철
장소에 구애받지 않고 목공을 즐길 수 있으니
어렵고 귀찮다고 생각하지 말고 익혀보자.

1 / 준비물

(1) 재료

● 레드파인 집성판 : 두께 18mm×세로 915mm×가로 2,300mm 3장,
두께 15mm×세로 915mm×가로 2,300mm 1장
● 목심 8mm 1박스, 나사못 30mm 1박스, 목공용 본드, 싱크대용 경첩 4개

(2) 도구

전기원형톱,
전기원형톱용 정규
폭 450mm 이상 판재절단용,

전기원형톱 톱대
전문가용으로 폭이 일정한
판재를 면이 직각으로
자르기 편리한 공구임,

드릴,
싱크대 경첩용 드릴팁
직경 35mm용, 실타카,
임펙트 드라이브,
포터블 루터

2/ 시공순서

(1) 몸통 만들기

집성판 재단, 선긋기, 본드 칠하기, 실타카로 임시 고정하기, 나사못 조이기,
목심심고 자르기

(2) 문 만들기

집성판 재단, 싱크대용 경첩 구멍파기, 경첩 고정하기, 문짝 달기,
문짝 뒤틀림 방지용 몰딩 붙이기

(3) 락카 칠

몸통 및 문짝 사포질, 하도용 락카 칠하기, 사포질, 상도용 락카 칠하기, 사포질,
상도용 락카 칠

3/ 시공방법

(1) 재단

만들 제품을 규격에 맞게
도면을 그리고
재단해야 할 치수의
세부내역을 뽑아
한꺼번에 일괄적으로
자른다.

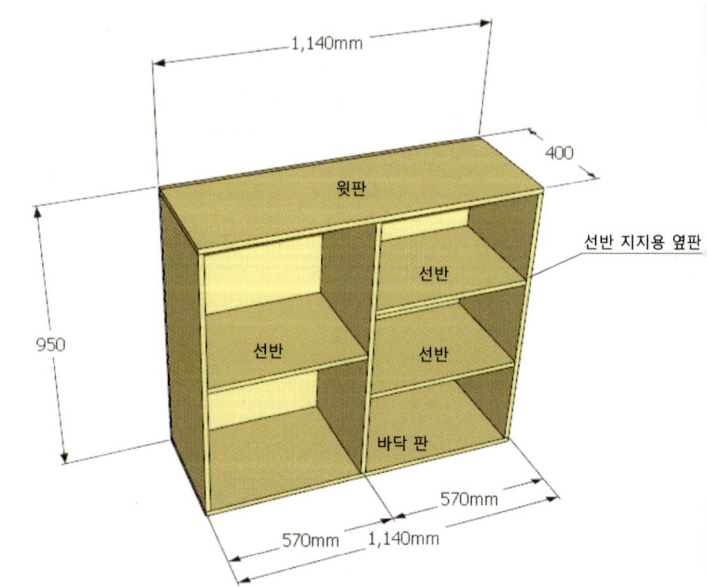

내 손으로 짓는 내 집

01. 폭은 전부 400mm이므로 두께 18mm 집성판을 장방향으로 3장을 자른다.

02. 긴 1장으로 상판과 바닥판을 1,140mm로 2장을 자른다.

03. 상판과 바닥판에 사이에 세워지는 세로판을 914mm로 3장을 자른다.

04. 두께 15mm 집성판을 이용해서 선반용을 400mm 폭으로 장방향으로 1장을 자른다. 이것을 543mm로 3장을 만든다.

05. 문용으로 가로 565mm×세로 950mm 두 장을 미리 재단해 둔다.

(2) 틀 제작

우선 4각 테두리에 본드를 칠하고 실타카로 고정한다.

목심용 드릴팁으로 사전 반구멍을 가공해 두고 30mm 나사못으로 고정한다.

고정 시 나사못 머리가 보이지 않게끔 깊이 박아 목심을 박는다.

(3) 선반 제작

선반 지지용 세로 측판은 나사못을 고정한 위치에 직각자를 이용하여
연필로 표시해둔다. 왼쪽은 2칸으로 오른쪽은 3칸으로 나누어 선반을 고정한다.
나사못이나 임시고정용 타카 못이 빗나갈 염려가 있으므로 뒤에서 고정해야 할
중심선을 나중에 지울 수 있도록 연필로 직각자를 대여 표시해 둔다.

04. 선반용 판재는 선반의 앞판 가장자리 부분을 루터기를
이용해서 둥글게 미리 가공해 둔다.

05. 몸통 만들기가 끝나면 문짝에는 상하 2곳에 싱크대용

경첩을 달기 위하여 지름 35mm 깊이 12mm로 타공해야 하는데 공구점에서

지름 35mm용 드릴팁을 구매하여 시공한다.

문짝에 타공하여 경첩을 고정한 후 선반 지지용 측판에 경첩을

나사못으로 고정하여 문짝을 단다. 최후에 십자로 된 문짝간격조절용 나사못을

돌려 문짝의 간격을 조절한다.

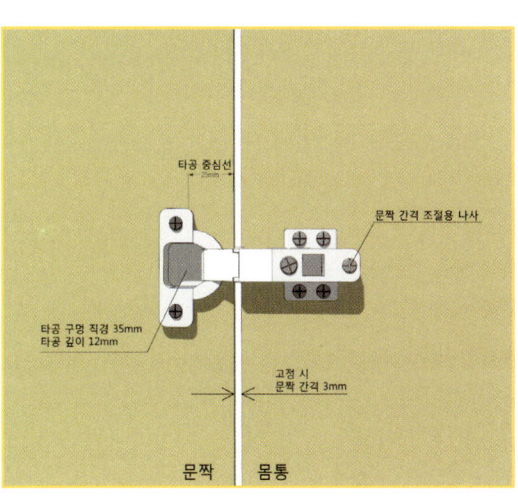

타공 중심선
20mm

문짝 간격 조절용 나사

타공 구멍 직경 35mm
타공 깊이 12mm

고정 시
문짝 간격 3mm

문짝   몸통

06. 문짝이 정상적으로 달렸다 하더라도 원목 판재는 조금 뒤틀리는 경향이 있어서 상하나 사방으로 결이 다른 방향으로 몰딩을 붙여주면 좋다.

07. 목공이 끝나면 내부의 목재용 락카를 칠해 때가 타거나 뒤틀림을 방지한다.
목재의 까칠까칠한 부분과 때가 묻은 부분을 매번 사포질하고 닦아내면서
하도를 2번, 상도를 2번 정도 칠해준다.

(3) DIY 하기 쉬운 가구들

● 수건장 겸 코너 선반

내 손으로 짓는 내 집

● 원목 수건장

● 벽 수납장

● 책상 서랍

● 책상 일체용 책꽂이와 의자

데코공사 및 목공 DIY

● 책꽂이

● 수건걸이

● 의자

● 문짝

내 손으로 짓는 내 집

4.

침대
만들기

침대 만들기는 가장 간단하게
DIY를 즐길 수 있는 아이템 중의 하나이다.
시골집에 들마루를 만드는 것과 비슷하다.
가로 2,000mm, 세로 980mm,
높이 350mm로 제작하여 농막에서 임시침대로
사용하고 때로는 의자용으로 사용하다가
공간이 협소하면 벽에 걸어 둘 수 있게
만들어 보자.

(주)아스카 모델하우스에 있는 침대 사례

1, 준비물

(1) 재료

● 2″×4″×14′ 8개 틀과 상판재 1개, 벽걸이용 경첩, 고정판 및 다리 2″×6″×14′ 2개 테두리 장식용

(2) 부자재

나사못 50mm 1박스, 목심 1박스, 경첩 3개대형, 다리 접이용 철물 4개

(3) 도구

전동 목재절단기스킬쇼, 임펙트 드라이브, 클램프, 그라인더, 손톱, 망치

2 / 시공방법

(1) 부재 절단하기

도면을 보고 먼저 틀의 부재 치수를 확인한다.

- 1차틀 :
2″×4″×980mm 2개,
2″×4″×1,924mm 2개

- 2차틀 :
2″×4″×904mm 5개

- 상판 :
2″×4″×2,000mm 10개

- 옆판 마구리 :
2″×6″×1,130mm 2개,
2″×6″×2,000mm 2개

● 다리용 :

2″×4″×300mm 8개

● 경첩고정용벽에 고정할 부재

2″×4″×2,350mm 1개

슬라이더스킬쇼로
부재를 한꺼번에 다 절단한다.

(2) 부재 결합하기

01. 부재는 임펙드 드라이브로 나사못을 사용하여 오래 사용하여도
변형이 없도록 체결한다. 부재의 두께38mm가 두꺼워 나사못의 조임이
부실할 수 있어 나사못 구멍을 사전에 부재의 두께 절반 정도19mm는
전용 드릴팁으로 시공해 놓는다. 구멍을 타공하기 전에 타공 위치가
일정하면서 보기 좋게 하려면 연필로 약한 선을 그어 놓는다.

02. 상판에 나사못을 고정할 장소는 길이 방향의 수직 방향으로 틀 양쪽
가장자리와 틀의 정중앙의 3줄이다.

03. 나사못을 최종적으로 고정할 때 클램프로 조여주면 틈새가 없어
이물질이나 이불 등이 끼이는 것을 방지할 수 있다.

04. 나사못 조임이 끝나면 목심을 심을 나사못 구멍에 목공용 본드를 넣어
목심을 망치로 박아 심고 손톱으로 잘라준다.

05. 상판 결합이 끝나면 다리와 옆판 마구리를 부착하고 잘라낸
목심 주위를 샌딩하면 본체 제작은 끝이 난다.

06. 제품 본체가 완료되면 침대가 공간을 차지하는 것을 방지하고
필요하면 벽에 접어서 걸칠 수 있도록 벽에 경첩 고정용 2″×4″ 부재를 고정하고
그곳에 튼튼한 경첩을 3개를 달아준다. 다리도 접을 수 있는
철물을 붙여준다.

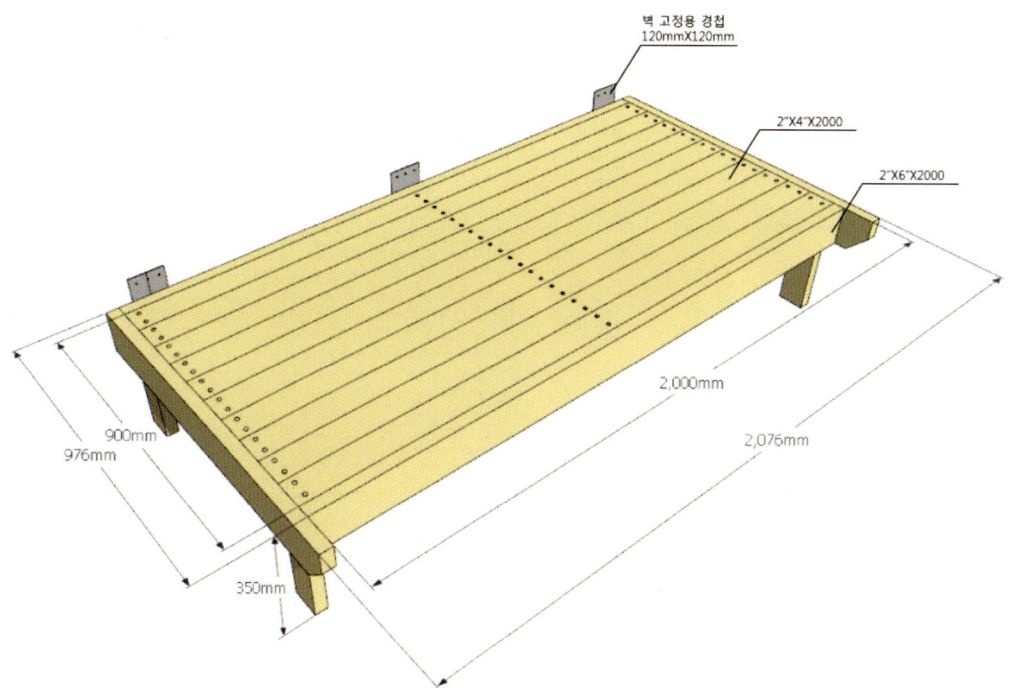

내부

마감

전기배선

공사

interior

electric

wiring

finish

ater

proof

tile

방수 및 타일

1.

규조토
공사

규조토는 암이나 아토피 등
피부병을 유발하는 새집증후군을 개선하기 위하여
선진국에서 건축자재로 개발하여
많이 사용하고 있다. 우리나라도 친환경성과
새집증후군 개선 효과가 인정되어
유치원이나 목조주택 등에서 사용되는 양이
점점 증가하고 있다.

1 / 규조토珪藻土란?

규조토란 단세포 식물성 플랑크톤인 규조류의
화석이다. 규조류는 지구에서 가장 먼저
탄생한 원생생물의 하나로, 산호와 함께 "광합성"으로
지구에 산소를 대량으로 공급하고, 오존층을 만들고,
인간을 비롯한 다양한 생명을 탄생시켰다.
규조류의 독특한 점은 수많은 크고 작은 다양한

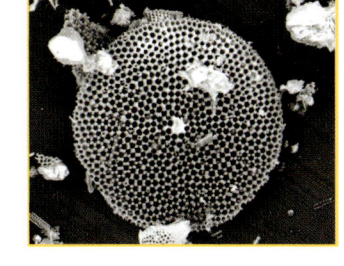

아름다운 모양의 구멍이 있는 유리의 세공규산 질껍질로 싸여있는 점이다.
규조류는 지구상에 5만 종류, 모두 10만 가지가 있으며 공기 중에
부유하고 있다. 수조에 어느새 "조류"가 번식하는 것이 이 규조류 때문에 가능하다.
금붕어 등의 먹이가 되어 "수중의 목초"라고도 한다.

규조류는 죽어서 "원유와 규조토"를 남긴다.

규조류가 죽어 해저나 호수바닥에 퇴적되고 수백만, 수천만 년이라는 세월을 거쳐
규조류 몸의 부분이 "원유석유"로 변하고 껍질 부분은 "규조토"라는 전혀
성질이 다른 2개의 천연자원으로 변하는 것으로 알려졌다. "규조토"는 불에 강하기
때문에 난로, 풍로, 내화단열벽돌의 원료로 옛날부터 사용해왔다.
최근에는 맥주나 술의 여과에 사용되고 식품첨가물 등으로 널리 이용되고 있다.
"원유석유"는 반대로 불에 약하고 타기 쉬우므로 휘발유 등의 연료로,
그리고 각종 화학제품의 원료로 많이 이용되고 있다. 최근 원유석유로 만든 다양한
화학물질이 대기오염과 실내공기 오염 등 다양한 피해를 가져오고 있다.
그러나 규조토를 주원료로 만들어진 〈규조토 내벽 재료〉는 원유석유로 만든
다양한 화학물질을 중화, 제거하여 사람이나 동식물을 건강하게 하는
건강 공기를 만드는 것으로 판명되었다.

(1) 규조토의 특징

● 불에 매우 강한 흙이다.
● 숯보다 5천에서 6천 배의 초다공성, 초미세 구조를 가진 가벼운 흙이다.
● 왕성한 흡·방습성호흡성을 가지고 있다.

(2) 규조토의 종류

● 자연건조품 : 불순물을 포함하고 있어 가격도 저렴하다.
● 소성제품 : 자연 건조 제품을 약 800℃로 구운 것이다.
● 용제첨가 소성제품 : 고품질 자연건조제품에 소금과 소다를 추가하고
약 1,100℃에서 불순 유기물이나 탄소 등의 막힘 물질을 연소시켜
제거한 최상품으로 맥주 업계가 가장 많이 사용하고 있다. 색상은 흰색으로
이 백색 규조토로 주요한 건축용 재료를 만들고 있다.

2/ 규조토의 시공방법

(1) 준비물

01. 재료 : 규조토의 재료는 반죽이 되어
통에 포장되어 있다. 바르는 사람마다 바르기
좋아하는 농도가 틀리기 때문에 발라보고
물을 넣어가면서 바르기 쉬운 농도로
반죽하면 된다.

02. 도구

규조토는 가정주부들도 간단히 시공할 수
있을 만큼 시공이 간단하다. 그만큼 도구도
간단하여 미장칼과 받침판만 있으면 된다.
미장이 서툰 주부들은 규조토를 조금 묽게 해서
스펀지에 묻혀 발라도 된다.

(2) 시공순서

01. 보호테이프 부착

기둥이나 몰딩 등에 규조토가 묻어 보기 싫은 것을 방지하기 위하여
보호테이프를 붙이는데 석고보드와 3mm 정도 간격을 두고 붙인다.

02. 대충 바르기

석고보드와 석고보드의 이음새는 이음새용 천 테이프를 바르고
조금 두껍게 미장칼을 조금 힘을 주어 누르면서 먼저 바르고 나머지는
여기저기 바르는 식으로 반복해서 바른다.

03. 면 고르기

면 고르기를 잘하면 프로가 될 수 있다. 초보자는 면 고르기를 초보자답게 하면 된다.
규조토의 면 고르기 칼자국은 나름대로 볼거리요, 시공의 흔적이라 생각하면
즐거울 것이다. 코너는 미장칼의 뒤쪽 각진 부분을 이용하여 규조토를 바르면 된다.
규조토가 보호테이프를 완전히 덮을 수 있는 양을 바르는 것이 좋다.

04. 보호테이프 떼어내기

보호테이프는 규조토가 굳기 전에 떼어낸다.

(주)아스카 모델하우스.
규조토를 바른 계단부 모습이 양명하다.

2.

FRP
방수공사

FRP Fiberglass Reinforced Plastics 는 폴리에스터
수지에 섬유 등 강화재를 혼합하여 기계적 강도와
내열성을 좋게 한 플라스틱이다.
생활 속에서 자주 접하는 FRP 관련 제품은
옥상 위에 설치된 물탱크, 횟집 앞에 설치되어 있는 수족관,
공원에 설치된 이동식 화장실 등이 있다.
FRP 방수공사는 다른 공법에 비해 비용이 많이 들고
기술자가 부족하여 시공의 어려움은 있으나
제일 안전하고 반영구적이어서
목조주택에서는 최적의 방수공사이다.

농막의 화장실을 편리하고 보기 좋게 하기 위해서는 타일시공을 해야 하지만, FRP 공사만 잘되어 있으면 꼭 타일을 시공해야만 사용할 수 있는 것은 아니다. FRP 공사만 잘하여도 화장실에서 물을 사용하고 샤워도 할 수 있다. FRP 공사는 생소하여 어렵게만 느껴지는데 한번 시도해 보면 재미있고 보람 있는 일이다.

1 / 준비물

(1) 도구

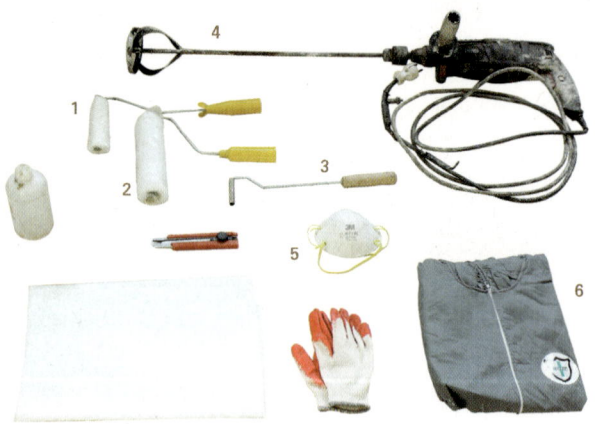

● 1_6inch 유성로라 :
좁은 공간 포리코트 도포용
● 2_10inch 유성로라 :
포리코트 도포용
● 3_철로라 :
기포제거 및 면고르기용
● 4_믹서기 :
포리코트와 경화재 혼합용
● 5_ 방독면, 마스크
● 6_방진복

(2) 자재

적층용 포리코트,
경화재, 유리섬유매트

2/ 시공방법

작업을 시작하기 전 욕실 벽의 코너에
실리콘을 채워 틈을 없애고
파이프나 배수구의 구멍에 포리코트 액이
흘러서 새지 않도록 틈새를 테이핑한다.

01. 바닥과 벽면에 필요한 매트를 재단한다.
02. 바닥면에 매트를 깐다.

03. 포리코트와 경화재를 충분하게 믹서 한다.

● 포리코트 양 : 3.6 l /1m²

● 포리코트와 경화재 혼합비율

　경화재 뚜껑은 약 10cc

_봄/가을은 20,000^{1말} : 120cc^{12뚜껑}

_여름은 20,000^{1말} : 80cc^{8뚜껑}

_겨울은 20,000^{1말} : 160cc^{16뚜껑}

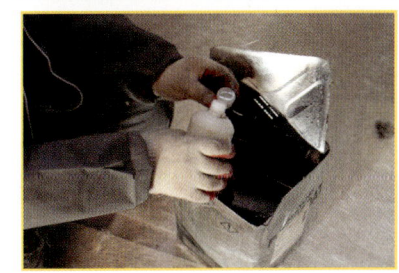

04. 벽면에 포리코트를
충분히 바르고 매트를 부착한다.

05. 부착된 매트 위에 포리코트를 깨끗하게 바르고 기포가 발생한 부분은
철로라를 사용하여 기포가 없어질 때까지 면고르기 작업을 한다.

06. 벽면 방수작업이 완료되면 같은 방법으로 바닥면 방수작업을 한다.

07. 방수 면에 기포가 남아 있으면 누수가 될 수 있으므로 철로라를 사용하여
기포를 완전히 제거한다.

08. 코너 부분은 기포가 생기기 쉽고
누수가 잘되므로 철로라를 사용하여 기포를
완전히 제거해야 한다.

09. 바닥면에 배수관이
있는 경우는 매트를 배수관 안쪽으로
말아 넣는다.

10. 경화시간이 2시간 정도이므로 1개소당 2시간 이내에 완료해야 한다.

11. 경화시 가스가 발생하므로 방독면을 착용하고 작업한다.

12. 작업 완료 후 약 6시간이 지나면 누수시험을 위해 일주일 정도 물을 채워
누수 여부를 확인한다.

3.

타일
공사

타일은 벽과 바닥의 표면에 붙이는 데 사용하는
도자기 타일을 말한다. 주로
화장실 바닥과 벽, 다용도실 바닥과 벽,
주방기구가 놓이고 남은 주방 벽면과 현관 바닥,
베란다 바닥 등에 시공한다.
바닥 타일은 반드시 미끄럽지 않은 타일로
시공해야 한다. 타일의 규격도
다양하여 취향에 맞추어 선택할 수 있다.

1, 타일의 종류와 도구

(1) 사용처별 타일의 종류

● 현관바닥 : 고급주택에서는 600×600mm, 400×400mm 정도의
폴리싱타일이나 대리석을 선호하지만, DIY용으로는 200×200mm의 타일로
시공하는 것이 좋다.

● 주방 : 벽타일은 150×150mm 이하의 규격으로 수평이나
다이아몬드 형태로 시공하는 경우가 많다.

● 화장실 : 벽은 300×600mm로 하고 바닥은 300×300mm,
200×200mm를 선호한다.

● 다용도실 : 바닥 대부분 200×200mm이고 벽은 250×400mm를 선호한다.

주방 벽타일 예시

타일 배치도

욕실바닥과

반내림식 욕조

화장실 내부   **욕실 내부**

(2) 도구

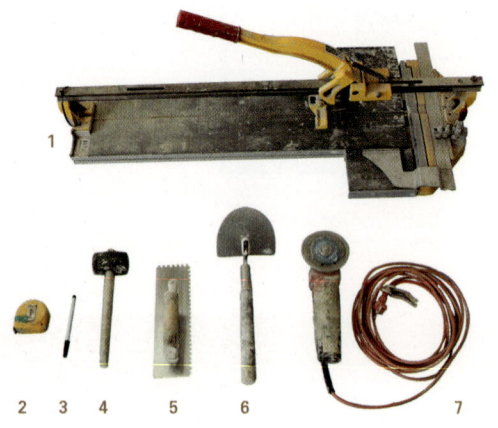

1_타일컷터기

2_미터 자

3_사인펜

4_고무망치

5_미장칼

6_큰주걱

7_그라인더

8,9_수평측정용 레이저기

2/ 타일 시공순서

(1) 붙일 면 정리하기

바탕 면의 이물질을 제거하고 깨끗하게 청소하여 타일을 붙일 수 있는 준비를 한다.

(2) 면분할하기

타일 붙일 수량을 계산하여 마지막 1장의 치수가
어중간하지 않도록 첫 장의 크기를 정한다.

(3) 본드 바르기

세라피스^{브랜드명}를 큰주걱으로 퍼서 벽에다 바르고 본드 접착에 쓰는 전용 칼로
힘을 주면서 눌러서 타일을 붙일 면에 골고루 바른다.

(4) 수평잡기

분할한 기준선에 수평측정용
레이저기로 수평선을 맞춘다. 수평선을 따라
타일을 시공하면 된다.

(5) 타일 붙이기

01. 타일 자르기 : 자르고자 하는 부분을
화살표로 표시한 후 타일컷터기에 대고 타일에
노치를 준 후 살짝 눌러 주면
깨끗하게 절단이 된다.

02. 타일 붙이기 : 균일하게 바른
본드 위에 타일을 누르면서 타일과 타일의
간격을 거의 없게 하면서 붙인다.
그리고 높낮이가 불규칙한 부분은
고무망치로 조금씩 때려서 면을 맞춘다.

목조주택은 벽이나 바닥면이 거의 평평하여 DIY용으로 타일을 붙이려면
본드를 사용하는 것이 무방할 것이다. 바닥면을 높여야 하는 경우라면 모래와
시멘트를 골고루 잘 썩어 높이를 맞추고 압착시멘트를 바르고
수평을 맞춘다. 그다음에 타일을 놓고 고무망치로 때려서 모퉁이의 면을 맞춘다.
압착일 경우 하루 정도 마른 후 메지를 넣는다.

(6) 메지 넣기

가. 반죽하기

세라피스의 빈 통에 홈멘트라는 분말로 된 제품을 넣고 거기에 메지가
곱게 나오도록 하는 강화제 메도몰를 섞어 넣는다. 물을 넣고 걸쭉하게 만들어
손으로 잡고 타일의 공간에 집어넣거나 바르기 쉬울 정도로 반죽한다.

나. 메지 넣기

01. 시공 준비 : 메지를 넣기 위해서는
메지용 칼헤라, 스펀지, 비닐장갑을 준비해야 한다.
메지용 본드는 강력한 화학성분을 지니고 있어
손의 피부를 손상할 염려가 있으므로
반드시 비닐장갑을 끼고 시공한다.

02. 시공 방법 : 손으로 타일의 빈틈에 메지를 채우면서 헤라로 닦아 나온다. 메지를 넣고 스펀지에 물을 묻히고 살짝 짜서 걸레질하듯 골고루 타일의 표면을 닦는다.

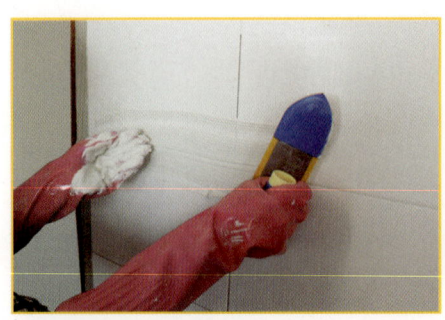
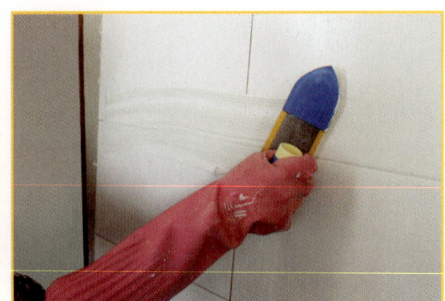

4.

전기배선
공사

전기공사를 직접 할 수만 있다면 집 짓는 재미는
배가 된다. 건축의 공정상 전기배선공사가
끝나지 않으면 단열공사나 석고보드공사 등이 진척되지
않는다. 배선공사는 전기시공업자에게 맡기는 것이
일반적이지만 이 경우 외주비용이 들고
전기업자의 사정을 고려해서 일정을 조정해야 하므로
작업의 진도가 늦어질 수 있다. 실제로
주택 실내배선도의 원리만 알면 의외로 시공이
간단하다. 배선재료도 가까이에 있는
전기재료 상에 가면 저렴한 가격으로 손쉽게
구할 수 있다.

그러면 배선공사는 어떻게 하는가? 시공 순서별로 정리해 보자.

1 / 임서 전력 및 본 전력 전기신청

임시전기는 본 전기가 들어오기 전에 임시로 공사를 위해 신청하는 것으로
본 전기와 함께 전기업자를 통해서 신청해야 한다. 보통 건축주 명의로
신청하고 비용은 임시전기 계약금으로 약 20만원이 필요한데 이중 10만원은
예치금으로 두었다가 공사가 끝나면 돌려받는다. 본 전기도
임시전기를 신청할 때 같이하면 좋다. 비용은 대략 50만원 정도다.

2 / 조명 및 전열 위치 선정

(1) 배선도 작성

우선 조명기구나 스위치, 콘센트 등을 어디에 몇 군데 설치해야 할지를 정해야 한다.
이것은 혼자서 결정할 것이 아니라 가족끼리 의논해서 정하면 좋을 것이다.
그다음에 정한 결과를 가지고 평면도에 배선도를 그려보자. 만약 자기가 배선한다면
콘센트를 하나 더 늘린다고 비용이 많이 증가하는 것이 아니니 여유 있게 달아 보자.
이때 콘센트와 스위치는 문 뒤에 가려지는 곳은 피하는 것이 좋다.

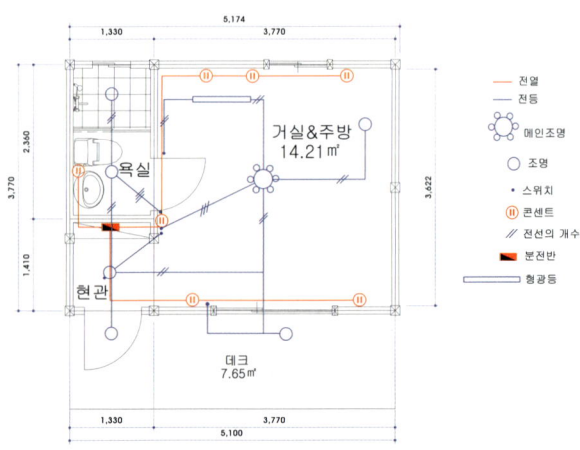

(2) 배선계획

분전반에는 회로마다 차단기가 붙어 있다. 보통은 20암페어 이상의 전류가 흐르면 안전을 위하여 전기가 차단되는 원리로 되어 있다. 따라서 한 회로 당 20암페어 이상 전류가 흐르지 않도록 계획해야만 된다. 회로 지선의 단말기에 콘센트가 연결되는데 보통 한 회로 당 5~6개의 콘센트를 사용한다. 10평가량의 농막이라면 차단기 3~4개면 된다.

(3) 스위치, 전열, 전등박스 부착

먼저 초보자에게 가장 중요한 배선의 원리를 알아보자.

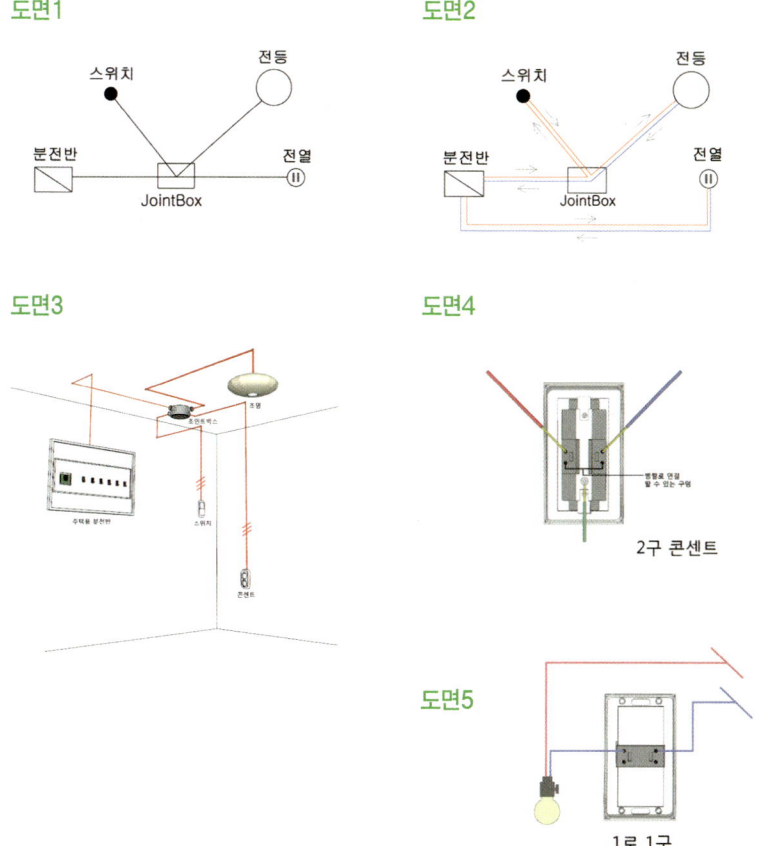

도면1

스위치   전등
분전반   전열
JointBox

도면2

스위치   전등
분전반   전열
JointBox

도면3

도면4

2구 콘센트

도면5

1로 1구

예를 들면 콘센트 1개, 전등 1개에 스위치가 있는 회로도는 도면1과 같다.
이처럼 보통의 배선도는 한 선으로 그려져 있기 때문에 어떻게 연결되었는지
초보자는 잘 모른다. 실제로 도면2를 보면 배선을 어떻게 해야 할지를
쉽게 알 수 있다. 콘센트는 도면5와 같이 전원에서 접지와 함께 3선을 직접
끌어오기 때문에 간단하다. 스위치도 도면6과 같이 1로1구 스위치라면
어려울 것이 없다. 그러나 1로2구나 1로3구도 복잡해 보이지만 원리는 간단하다.
좀 더 알기 쉽게 시각적인 그림을 이용하여 설명해 보자.

케이블에 빨간색과 파란색의 2선이 있다.
전기는 보통 빨간색 선을 통해서 멀리까지 가서
일을 하고 파란색 선을 통해서 돌아온다고
이해하면 된다. 전선들은 스위치 박스에
집결한다.

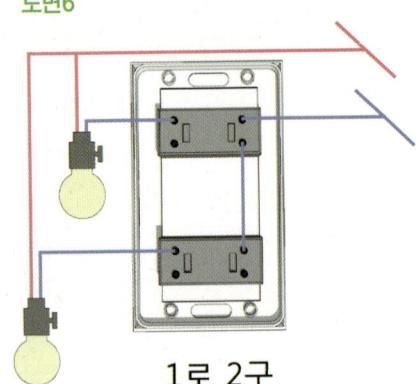

도면6

1로 2구

가. 배관위치 타공작업

전동드릴에 23mm 목공용 드릴팁을 사용하여 목구조재에 전선관을 삽입할
구멍을 뚫는다.

나. 배관삽입 작업

목구조재에 타공한 구멍을 따라 전선관을 삽입하고 전선관과 금속박스를 연결하는 CD 커넥터를 박스에 끼우고 전선관을 삽입한다. 초보자는 단순한 결합으로 회로를 많이 하므로 배관의 수가 많을 수밖에 없고 전문가일수록 전선관 수를 줄여 효율적인 연결을 꾀하므로 경제적인 작업을 할 수 있다.

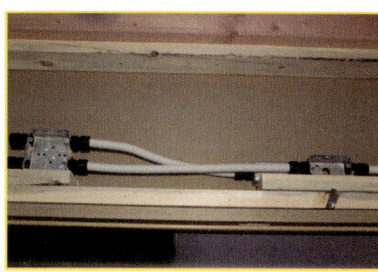

다. 입선작업

입선작업은 배선도면을 검토하면서 틀림이 없도록 해야 한다. 만약 틀린다고 하더라도 전선관이 삽입되어 있기 때문에 다시 전선을 넣으면 된다. 초보자는 한두 번의 시행착오를 거치나 크게 두려워할 필요는 없다. 도전하는 것이 중요하다.

라. 결선작업

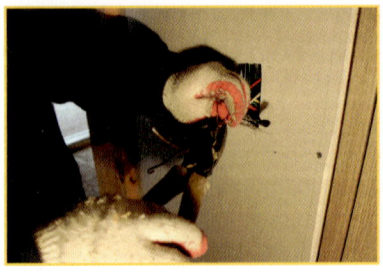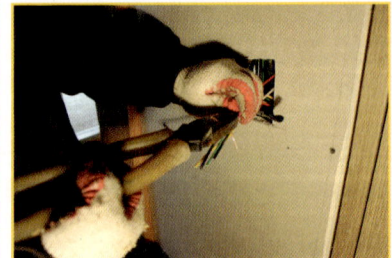

01. 절연테이프에 의한 피복 방법

● 면절연테이프, 고무테이프를 사용하는 방법 : 고무테이프를 반폭 이상 겹쳐서
한 번 감고, 그 위에 또 다시 면절연테이프를 반폭 이상 겹쳐서 1회 이상 감는다.
각 2겹 이상

● 비닐테이프를 사용하는 방법 : 비닐테이프를 반폭 이상 겹쳐서 두 번 이상 감는다.
4겹 이상

● 참고 : 테이프 감는 횟수는 위를 참고하여 최저 기준으로 삼고 전선 굵기에
따라서 늘린다. 요즈음 가정용 주택에서는 면절연테이프나 고무테이프를
거의 사용하지 않는 추세이다.

02. 목조주택에 자주 사용되는 동전선의 접속 방법

● 가는 단선2mm 이하의 종단 접속

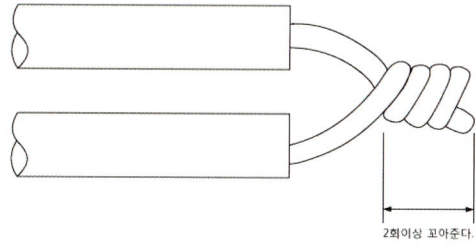

2회이상 꼬아준다.

● 꽂음형 커넥터에 의한 접속

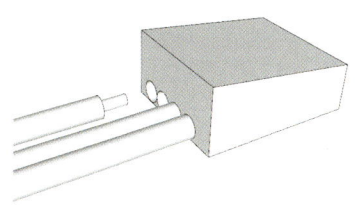

(4) 배선기구 부착, 분전반 설치

가. 스위치, 콘센트 박스 부착

스위치를 붙이는 위치는 마루에서 1.2m가량의 상부에, 콘센트는 마루에서
30cm가량의 상부가 적당하다. 단, 주차장이나 욕실의 바닥은 방수형콘센트를
1.2m가량의 높이에 고정한다. 목조주택에서는 기둥이나 샛기둥 측면에
나사못으로 고정한다. 전선관을 여기까지 끌고 와서 삽입하고
전선도 여기서 결선한다.

 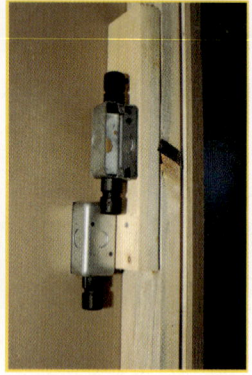 

나. 분전반의 설치

분전반의 설치도 연구하면 그리 어려울 것이 없다.
전주로부터 인입되는 전선은 전력량계를
거쳐 분전반에 접속된다.
전력량계까지는 한전에서 설치해준다.
설치가 어려우면 전기설비업자에게 맡기면
된다는 가벼운 마음으로 그림과 같이
결선하여 설치해 보자.

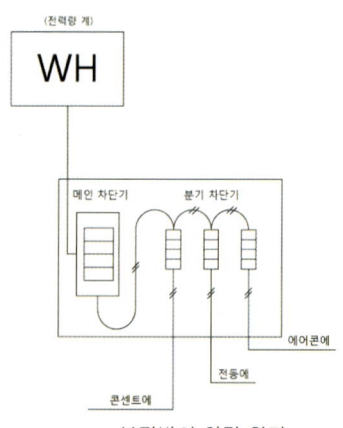

분전반의 연결 원리

(5) 전등 달기

분전반까지 달면 벽지나 내부마감이 완료됨과 동시에
스위치, 콘센트 등 장식기구들을 달고 조명등을 설치한다.

(6) 사용 전 점검 신청

전기설비업자에게 의뢰하여 한전에 사용 전 점검을 받고
인입선 공사와 전력량계를 부착하도록 한다.

작은

플랜

house

집

예비 건축주가 스스로 집을 지을 수 있도록 표준화된 쉽고Easy, 경제적이고Economical, 친환경적인Eco-friendly E3 DIY HOUSE의 타입별 도면이다. 타입별 도면은 프리컷시스템을 이용하여 공장에서 자재의 대량생산이 가능한 기초가 된다. 표준화된 도면을 이용하면 현장에서는 모듈화된 자재를 짜맞춤 방식으로 조립만 하면 완성되는 구조이므로, 기초시공 후 1주일 안에 입주할 수 있다. 이외에도 다소 제작비용은 추가되지만, 개성 있는 작은 집을 원하는 건축주를 위해 설계가 돋보이는 토미하우스를 소개한다.

건축개요

건물규모
1층 50m² (15.11py) /
2층 16m² (4.83py)
연면적
66m² (약 20py)
공법
기초: 독립기초 (매트기초, 줄기초 그 외는 옵션) /
지상: 한식 장부맞춤
기둥·보 구조
구조재
더글라스퍼 (북미산 통나무),
두께 12cm×춤 12~21cm
벽체구조
2″×4″ 경량목구조,
단열재 R11그라스울+
6t열반사단열재
(또는 EPS 30~50mm),
EPS 단열재는
외부노출 기둥 외에 스타코
시공에 쓰인다.
외벽마감재
기본: 삼목 채널사이딩,
시멘트사이딩/
옵션: 스타코, 우레탄패널 등
내벽마감재
기본: 벽지마감/
옵션: 원목루버, 규조토 등
창호재
기본: 미국식 시스템창호
(케이트사) / 옵션: 3중
유리 트라이캐슬 등
천장마감재
기본: 미송 루버보드/
옵션: 원목루버, 규조토 등
마루
기본: 강화마루/
옵션: 합판마루, 장판 등
실내문
기본: 예림도어/
옵션: 수입원목문 등
현관문
기본: 제이드,
캡스톤 싱글도어 팬라이트
중문
없음
소녕
기본형 (인터넷 구매)
화장실
도기 및 기본세트
주방기구
옵션
지붕재
기본: 그림자 이준쉰글/
옵션: 온두빌라, 테릴기와 등

1. E3 DIY HOUSE 타입별 종류

(1) A type 기본형 | 대칭형 하우스 타입

남향에 맞추어 설계한 집으로 대량생산이 쉽도록 좌우 대칭형으로 제작해서 생산 단가를 줄이려는 의도로 계획했다. 귀농자의 부부 2인이 살기 좋은 구조이며 필요하면 화장실과 다용도실을 뒤쪽으로 밀어 확장할 수 있다. 침실도 옷장이나 보일러실 용도로 구획지어 추가적인 용도로 사용할 수 있는 여지를 두었다.

정면도

배면도

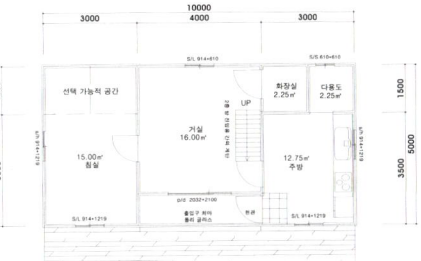

1층 평면도

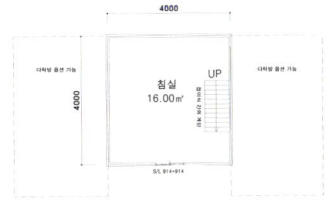

2층 평면도

(2) A type 확장형1·2, 대칭·확장형 하우스 타입

22.2py
73.5m²

A type 확장형 1

건물규모
1층 58.74m²⁽¹⁷·⁷⁶py⁾/
2층 14.74m²⁽⁴·⁵py⁾
연면적
73.48m²⁽약 22.23py⁾
공법 기초: 독립기초
⁽매트기초, 줄기초, 그 외는 옵션⁾/
지상: 한식 장부맞춤
기둥·보 구조
구조재 더글라스퍼⁽북미산 직송⁾,
두께 12cm×춤 12~21cm
벽체구조
2″×4″ 경량목구조,
단열재 R11그라스울+
6t열반사단열재
⁽또는 EPS 30~50mm⁾,
EPS 단열재는
외부노출 기둥 외에
스타코 시공에 쓰인다.
외벽마감재
기본: 삼목 채널사이딩,
시멘트사이딩/
옵션: 스타코, 우레탄패널 등
내벽마감재
기본: 벽지마감/
옵션: 원목루버, 규조토 등
창호재
기본: 미국식 시스템창호
⁽제이드사⁾/ 옵션: 3중
유리 트라이캐슬 등
천장마감재
기본: 미송 루버보드/
옵션: 원목루버, 규조토 등
마루
기본: 강화마루/
옵션: 합판마루, 장판 등
실내문 기본: 예림도어/
옵션: 수입원목문 등
현관문
기본: 제이드,
캡스톤 싱글도어 팬라이트
중문 없음
조명 기본형⁽인터넷 구매⁾
화장실 도기 및 기본세트
주방기구 옵션
지붕재
기본: 그림자 이중싱글/
옵션: 온두빌라, 테릴기와 등

A type 확장형 2

건물규모 1층 61.59m²⁽¹⁸·⁶³py⁾,
2층 14.74m²⁽⁴·⁵py⁾
연면적 76.33m²⁽약 23.09py⁾
이 외 사항은 A type
확장형1의 건축개요와 같다.

A type 확장형1

A type 기본형에서 화장실을 뒤쪽으로 조금 더 확장하여 샤워공간을 만들 수 있다. 주방은 별도의 수납공간을 두고, 현관은 포치 공간을 이용하여 신발장까지 만들고, 안방은 나중에 붙박이장을 놓아도 여유 있을 정도로 크다.

A type 확장형 1 배면도

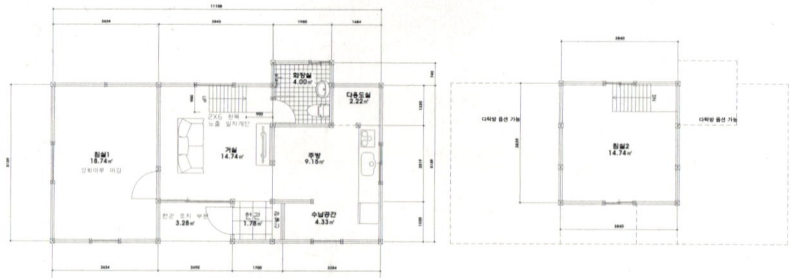

1층 평면도

2층 평면도

A type 확장형2

A type 확장형1을 변형하여 자녀가 둘 있는 부부에게 안성맞춤으로 방 3개를 계획한 확장형이다. 거실도 싱크대 부분까지 뒤쪽으로 밀어서 넓히고 다용도실도 확장하였다. 침실1 좌측의 위 공간은 필요에 따라 옷장이나 화장실을 하나 더 늘릴 수 있는 구조이다.

A type 확장형 2 배면도

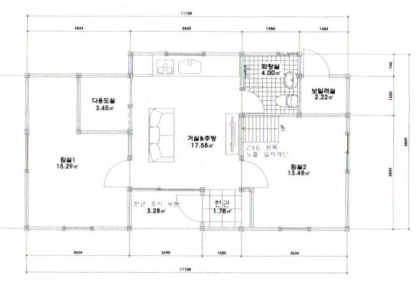

1층 평면도

건축개요

건물규모
1층 39.52m²(11.95py) /
2층 19.84m²(6py)

연면적
59.36m²(약 18py)

공법
기초: 독립기초
(매트기초 줄기초, 그 외는 옵션) /
지상: 한식 장부맞춤
기둥·보 구조

구조재
더글라스퍼(북미산 홍송),
두께 12cm×춤 12~21cm

벽체구조
2″× 4″ 경량목구조,
단열재 R11그라스울+
6t열반사단열재(또는 EPS 30~50mm),
EPS 단열재는 외부노출
기둥 외에 스타코 시공에 쓰인다.

외벽마감재
기본: 삼목 채널사이딩,
시멘트사이딩/ 옵션: 스타코,
우레탄패널 등

내벽마감재
기본: 벽지마감/
옵션: 원목루버, 규조토 등

창호재
기본: 미국식 시스템창호
(제이드사)/ 옵션: 3중
유리 트라이캐슬 등

천장마감재
기본: 미송 루버보드/
옵션: 원목루버, 규조토 등

마루
기본: 강화마루/
옵션: 합판마루, 장판 등

실내문
기본: 예림도어/
옵션: 수입원목문 등

현관문
기본: 제이드,
캡스톤 싱글도어 팬라이트

중문
없음

조명
기본형(인터넷 구매)

화장실
도기 및 기본세트

주방기구
옵션

지붕재
기본: 그림자 이중슁글/
옵션: 온두빌라, 테릴기와 등

(3) B type │ 도시형 하우스 타입

도시풍의 모던한 스타일을 좋아하는 사람을 위한 형태이다.
데크를 북쪽으로 배치하여 프라이버시 보호가 되는 공간을
만들 수 있다. 평수는 적지만 현관에 들어서면서 주방이 감춰져 있어 주부의 심리
적 부담을 줄이고 건축규모를 줄여 건축비의 부담도 줄일 수 있다. 필요에 따라 뒤
쪽의 데크 부분을 다용도실이나 창고로 활용하는 방안도 가능하다.

18.0py
59.3m²

정면도

우측면도

1층 평면도

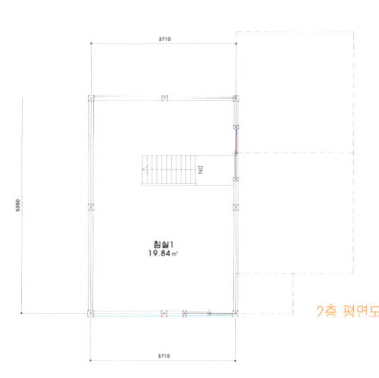

2층 평면도

건물규모
1층 34.7m²(10.48py) /
2층 13.61m²(4.11py)
연면적
48.31m²(약 14.61py)
공법
기초: 독립기초
(매트기초, 줄기초, 그 외는 옵션)
지상: 한식 장부맞춤
기둥·보 구조
구조재
더글라스퍼(북미산 흑송) /
두께 12cm×춤 12~21cm
벽체구조 2″×4″ 경량목구조,
단열재
R11그라스울+6t열반사단열재
(또는 EPS 30~50mm)
EPS 단열재는
외부노출 기둥 외에 스타코
시공에 쓰인다.
외벽마감재
기본: 삼목 채널사이딩,
시멘트사이딩 /
옵션: 스타코, 우레탄패널 등
내벽마감재
기본: 벽지마감 /
옵션: 원목루버, 규조토 등
창호재
기본: 미국식 시스템창호
(제이드사) / 옵션: 3중
유리 트라이캐슬 등
천장마감재
기본: 미송 루버보드 /
옵션: 원목루버, 규조토 등
마루
기본: 강화마루 /
옵션: 합판마루, 장판 등
실내문
기본: 예림도어 /
옵션: 수입원목문 등
현관문
기본: 제이드,
캡스톤 싱글도어 팬라이트
중문
없음
조명
기본형(인터넷 구매) /
화장실
도기 및 기본세트
주방기구
옵션
지붕재
기본: 그림자 이중쉬글 /
옵션: 온두빌라, 테릴기와 등

(4) C type | 다락방 하우스 타입

14.6py
48.3m²

거실은 식당, 주방 등을 一자형으로 배치하고 2층에 침실이 붙은 다락방이 있는 형태이다. 부부가 살기에 부족함이 없고 베란다가 붙은 2층 방까지 있어 펜션으로 갖다 놓아도 손색이 없을 정도로 사람들이 선호하는 아름다운 디자인이다. 조그만 집에 벽난로 굴뚝이 있어 집이 더 안정감 있어 보인다. 필요하면 뒤쪽으로 창고나 보일러실 등 얼마든지 확장할 수 있다.

정면도

우측면도

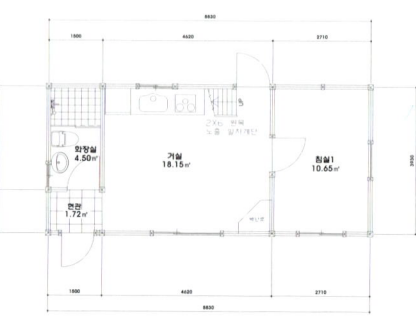

1층 평면도

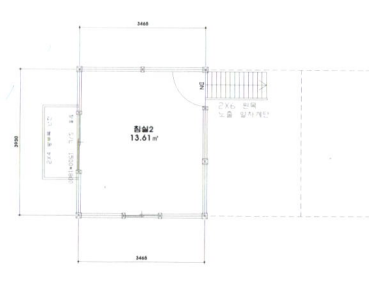

2층 평면도

건물규모
1층 72.5m²(21.93py) /
2층 23.7m²(7.16py)
연면적
96.2m²(약 29.1py)
공법
기초: 매트기초
(줄기초, 그 외는 옵션)/
지상: 한식 장부맞춤
기둥·보 구조
구조재
더글라스퍼(북미산 홍송),
두께 12cm×춤 12~21cm
벽체구조 2″×4″ 경량목구조,
단열재
R11 그라스울 + EPS50mm
외벽마감재
기본: 스타코/
옵션: 스타코 플렉스 R19+파벽돌
내벽마감재
기본: 벽지마감/
옵션: 원목루버, 규조토 등
창호재
기본: 미국식 시스템창호
(제이드사)/ 옵션: 3중
유리 트라이캐슬 등
천장마감재
기본: 미송 루버보드/
옵션: 원목루버, 규조토 등
마루
기본: 강화마루/
옵션: 합판마루, 장판 등
실내문
기본: 예림도어/
옵션: 수입원목문 등
현관문
기본: 제이드,
캡스톤 원사이드 3/4오블
중문
없음
조명
기본형 (1터넷 구매)
화장실
도기 및 기본세트
주방기구
옵션
지붕재
기본: 그림자 이중싱글/
옵션: 온두빌라, 테릴기와 등

(5) D type | 스웨덴 하우스 타입

29.1py
96.2m²

단순하면서도 단아한 구조의 전형적인 스웨덴 하우스 타입으로 여주에 있는 넓은 초지 위에 그림같이 지어진 은아목장의 본체가 이 집의 원조인 셈이다. 은아목장의 본체가 방송과 잡지에 아름다운 집으로 알려지면서 규모는 다르지만, 이 집과 비슷하게 지어달라는 요청이 많아 전국적으로 많이 지어진 집이다. 도심지나 시골, 전원주택 단지 등 어디에 옮겨 놓아도 아름다운 주택이다. 거실과 주방은 지붕선까지 개방되어 시원스럽고 4인 가족이 생활하기에 부족함이 없는 구조이다.

정면도

우측면도

1층 평면도

2층 평면도

건축개요

건물규모
1층 19.22m²(5.81py) /
포치 12.75m²(3.86py)
연면적
31.97m²(약 9.67py)
공법
기초: 독립기초
(매트기초, 줄기초, 그 외는 옵션) /
지상: 한식 장부맞춤
기둥·보 구조
구조재
더글라스퍼(북미산 홍송) /
두께 12cm×춤 12~15cm
벽체구조 2″× 4″ 경량목구조
단열재
R11그라스울(또는 EPS 30~50mm),
EPS 단열재는
외부노출 기둥 외에 스타코
시공에 쓰인다.
외벽마감재
기본: 삼목 채널사이딩,
시멘트사이딩 /
옵션: 스타코, 우레탄패널 등
내벽마감재
기본: 벽지마감 /
옵션: 원목루버, 규조토 등
창호재
기본: 미국식 시스템창호
(제이드사) / 옵션: 3중
유리 트라이캐슬 등
천장마감재
기본: 미송 루버보드 /
옵션: 원목루버, 규조토 등
마루
기본: 강화마루 /
옵션: 합판마루, 장판 등
실내문
기본: 예림도어 /
옵션: 수입원목문 등
현관문
기본: 제이드,
캡스톤 싱글도어 팬라이트
중문
없음
조명
기본형(인터넷 구매)
화장실
도기 및 기본세트
주방기구
옵션
지붕재
기본: 그림자 이중슁글,
옵션: 온두빌라, 테릴기와 등

(6) E type | 6평 농막 타입

9.6py
31.9m²

이 집은 본체가 6평 미만으로 농막용으로 설계되었다. 농막은 농지원부만 있으면 어디든지 인허가를 받지 않고 신고만으로 지을 수 있다. 예전에는 물과 가스 등을 사용할 수가 없어서 정상적인 생활이 어려웠는데 법령이 바뀌면서 가스나 물을 사용할 수 있게 되었다. 이런 법령에 맞추어 사용하고 필요하면 탈부착이 가능한 포치를 4평까지 만들어 대청마루나 창고 용도로 사용할 수 있다. 필요에 따라 샤시로 벽을 막으면 완벽한 창고로 사용할 수 있다.

E type 기본형

E type 창호설치형

창호설치형 정면도

창호설치형 우측면도

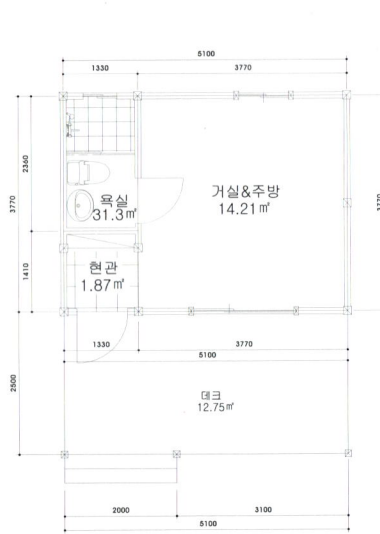

1층 평면도

건물규모
1층 21m²(6.34py) /
2층 9.25m²(2.8py)
연면적
30.24m²(약 9.13py)
공법
기초: 독립기초
(매트기초, 줄기초, 그 외는 옵션) /
지상: 한식 장부맞춤
기둥·보 구조
구조재
더글라스퍼 (북미산 홍송),
두께 12cm×춤 12~21cm
벽체구조
2″×4″ 경량목구조,
단열재
R11그라스울+
6t열반사단열재
(또는 EPS 30~50mm),
EPS 단열재는
외부노출 기둥 외에 스타코
시공에 쓰인다.
외벽마감재
1층: 하프로그사이딩 /
2층: 스타코
내벽마감재
기본: 벽지마감 /
옵션: 원목루버, 규조토 등
창호재
기본: 미국식 시스템창호
(케이드사) / 옵션: 3중 유리
트라이캐슬 등
천장마감재
기본: 미송 루버보드 /
옵션: 원목루버, 규조토 등
마루
기본: 강화마루 /
옵션: 합판마루, 장판 등
실내문
기본: 예림도어,
옵션: 수입 원목문 등
현관문
기본: 제이드,
캡스톤 싱글도어 팬라이트
중문
없음
조명
인터넷 구매 (기본형) /
화장실
도기 및 기본세트
주방기구
옵션
지붕재
기본: 그림자 이중윙글,
옵션: 온두빌라, 테릴기와 등

2, 토미하우스 타입별 종류

9.1py
30.2m²

(1) A type | 외형적인 타입

이 토미하우스는 일본의 여류화가이자 건축가인 도바리 미찌코 여사의 작품으로 소형이지만 독특한 외관을 지닌 고급주택이다. 폭이 좁고 길이가 길어 정면에서 봤을 때는 그리 적게 보이지는 않는 독특한 형태의 주택이다. 2층의 뾰족한 지붕이 집의 외관을 빼어나게 한다.

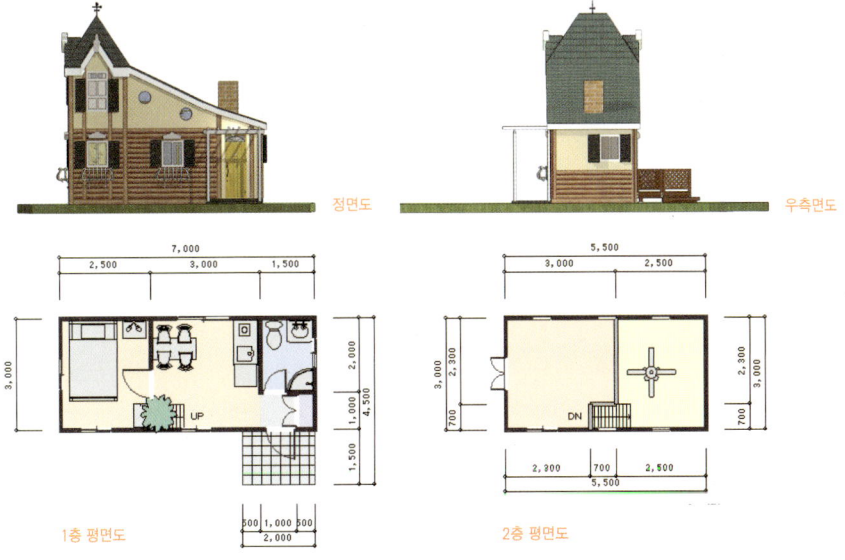

정면도

우측면도

1층 평면도

2층 평면도

건축개요

건물규모

1층 34.7m²(10.48py),
21m²(6.34py) /
2층10.5m²(3.18py)
연면적 31.51m²(약 9.52py)

공법

기초: 독립기초
(매트기초, 줄기초, 그 외는 옵션) /
지상: 한식 장부맞춤
기둥·보 구조

구조재

더글라스퍼(북미산 홍송),
두께 12cm×춤 12~21cm
벽체구조 2″×4″
경량목구조,

단열재

R11그라스울+
6t열반사단열재
(또는 EPS 30~50mm),
EPS 단열재는
외부노출 기둥 외에
스타코 시공에 쓰인다.

외벽마감재

하부1m: 인조파벽돌,
상부: 스타코

내벽마감재

기본: 벽지마감/
옵션: 원목루버, 규조토 등

창호재

기본: 미국식 시스템창호
(제이드사)
옵션: 3중 유리 트라이캐슬 등

천장마감재

기본: 미송 루버보드/
옵션: 원목루버, 규조토 등

마루

기본: 강화마루/
옵션: 합화마루, 장판 등

실내문

기본: 예림도어/
옵션: 수입 원목문 등

현관문

기본: 제이드,
캡스톤 싱글도어 팬라이트

중문

없음

조명

인터넷 구매 (기본청)

화장실

도기 및 기본세트

주방기구

옵션

지붕재

기본: 그림자 이중싱글,
옵션: 온두빌라, 테릴기와 등

(2) B type | 실용적인 타입

9.5py
31.5m²

소형이지만 1층에 거실과 방, 2층에 방이 있는 알뜰한 구조이다. 좁은 거실의 단점을 보완하고자 뒤쪽에 데크를 두어 실용성과 외관미를 살렸다. 이 집의 독특한 매력은 2층 방의 베란다에 프라이버시 보호를 위해 장식벽을 만들어 놓은 점이다. 막혀서 안쪽에서는 보이지만 외부에서는 보이지 않는다.

정면도

배면도

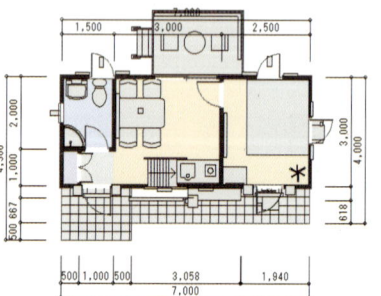

1층 평면도

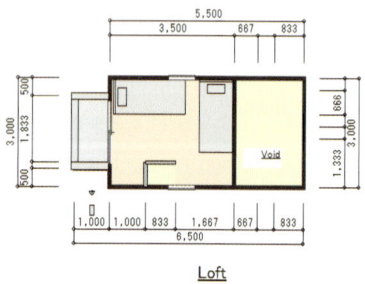

Loft

2층 평면도

(3) C type │ 로맨틱한 타입

7.3py
24.2m²

이 타입은 토미하우스를 대표하는 평범하면서도 아기자기
한 동화 속의 그림 같은 집이다. 정면의 벽난로 굴뚝이 집의
균형을 잡아준다. 2층의 베란다가 집의 품격을 더해주고 거실 앞쪽의 데크가 실용
성을 더해주는 집이다. 2층의 방은 로맨틱한 분위기를 더욱 고조시킨다.

건축개요

건물규모
1층 15m²(4.63py) /
2층 9.25m²(2.8py)
연면적
24.25m²(약 7.34py)
공법
기초: 독립기초
(벽돌기초, 줄기초, 그 외는 옵션)
지상: 한식 장부맞춤
기둥·보 구조
구조재
더글라스퍼 (방부처리 후사용),
두께 12cm×춤 12~21cm
벽체구조 2″×4″ 경량목구조,
단열재
R11그라스울+6t열반사단열재
(또는 EPS 30~50mm)
EPS 단열재는
외부노출 기둥 외에 스타코
시공에 쓰인다.
외벽마감재
하부 1m: 수직방부목.
채널사이딩/
상부: 스타코
내벽마감재
기본: 벽지마감/
옵션: 원목루버, 규조토 등
창호재
기본: 미국식 시스템 창호
(제이드사) / 옵션: 3중
유리 트라이캐슬 등
천장마감재
기본: 미송 루버보드/
옵션: 원목루버, 규조토 등
마루
기본: 강화마루/
옵션: 합판마루, 장판 등
실내문
기본: 예림도어/
옵션: 수입 원목문 등
현관문
기본: 제이드,
캡스톤 싱글도어 팬라이트
중문
없음
조명
인터넷 구매(기본형)
화장실
도기 및 기본세트
주방기구
옵션
지붕재
기본: 그림자 이중슁글,
옵션: 온두빌라, 테릴기와 등

정면도

단면도

15㎡(4.63坪)

1층 평면도

2층 평면도

작은 집 플랜

건축개요

건물규모
1층 45m²(13.59py) /
2층 10m²(3py)
연면적
55m²(약 16.59py)
공법
기초 : 매트기초
(줄기초, 그 외는 옵션) /
지상 : 한식 장부맞춤
기둥·보 구조
구조재
더글라스퍼(북미산 홍송),
두께 12cm×춤 12cm~21cm
벽체구조 2″×4″ 경량목구조,
단열재
R11그라스울+6t열반사단열재
(또는 EPS 30~50mm),
EPS 단열재는
외부노출 기둥 외에 스타코
시공에 쓰인다.
외벽마감재
하부 1m : 수직방부목
채널사이딩/
상부 : 스타코
내벽마감재
기본 : 벽지마감/
옵션 : 원목루버, 규조토 등
창호재
기본 : 미국식 시스템창호
(제이드사)/
옵션 : 중 유리 트라이캐슬 등
천장마감재
기본 : 미송 루버보드/
옵션 : 원목루버, 규조토 등
마루
기본 : 강화마루/
옵션 : 합판마루, 장판 등
실내문
기본 : 예림도어/
옵션 : 수입 원목문 등
현관문
기본 : 제이드,
캡스톤 원사이드 3/4오블
중문
없음
조명
인터넷 구매(기본형)
화장실
도기 및 기본세트
주방기구
옵션
지붕재
기본 : 그림자 이중싱글,
옵션 : 온두빌라, 테릴기와 등

(4) D type │ 변화무쌍한 타입

16.6py
55.0m²

일본에서 온천여행을 하면 간혹 볼 수 있는 집의 형태로 지붕의 경사를 가파르게 하여 2층 공간을 확보하려는 의도로 설계하였다. 그 내부가 평범한 사각의 형태가 아니라 여기저기서 빛을 받아 공간의 변화무쌍함을 즐길 수 있다. 소형주택의 작은 규모이지만 짜임새 있는 독특한 모양의 집이다.

정면도

우측면도

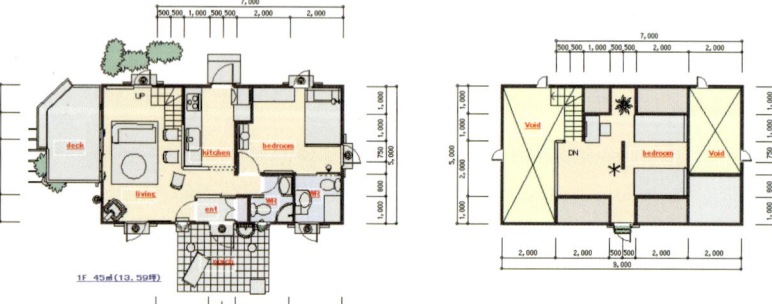

1층 평면도

2층 평면도